献给乔什·海瑟薇。

——迈克·洛厄里

江苏省版权局著作权合同登记 图字：10-2023-430

EVERYTHING AWESOME EVERYTHING AWESOME ABOUT
SPACE AND OTHER GALACTIC FACTS! (Book#3)

Published by arrangement with Scholastic Inc., 557 Broadway,
New York, NY 10012, USA

图书在版编目（CIP）数据

你不知道的宇宙万物 / （美）迈克·洛厄里著 ； 陈维译. — 南京 ： 南京大学出版社，2024.7
（笑个不停的漫画小百科）
ISBN 978-7-305-27718-4

Ⅰ. ①你… Ⅱ. ①迈… ②陈… Ⅲ. ①宇宙－儿童读物 Ⅳ. ①P159-49

中国国家版本馆CIP数据核字（2024）第032888号

出版发行 南京大学出版社
社　　址 南京市汉口路22号　**邮　编** 210093

笑个不停的漫画小百科
你不知道的宇宙万物 NI BU ZHIDAO DE YUZHOU WANWU

[美]迈克·洛厄里 著　陈维 译

图书策划 麻雪梅　**责任编辑** 王薇薇
封面设计 赵　猛　**特约统筹** 孙　菲
美术编辑 赵　猛
开本 889 mm×1194 mm 1/16 开　**印张** 7.25
字数 120千
印刷 上海中华印刷有限公司
版次 2024年7月第1版
印次 2024年7月第1次印刷
ISBN 978-7-305-27718-4
定价 58.00元

出品策划 荣信教育文化产业发展股份有限公司
网址 www.lelequ.com　**电话** 400-848-8788

笑个不停的漫画小百科

你不知道的宇宙万物

[美]迈克·洛厄里 著
陈维 译

乐乐趣
南京大学出版社

嘿，你好呀！

我是迈克·洛厄里，我想给你展示一样好东西，那就是一本厚厚的宇宙书！

（就是你手上拿着的这一本啦！）

这本书装满了各种关于宇宙的知识、天文冷知识和有料的太空笑话。

太空真是太迷人了，它充满了一些非常神奇的东西。

从这本书中你能了解到：

爆炸的星星！

奇怪的太空食品！

超级火箭！

感谢你打开这本书！——迈克

目录

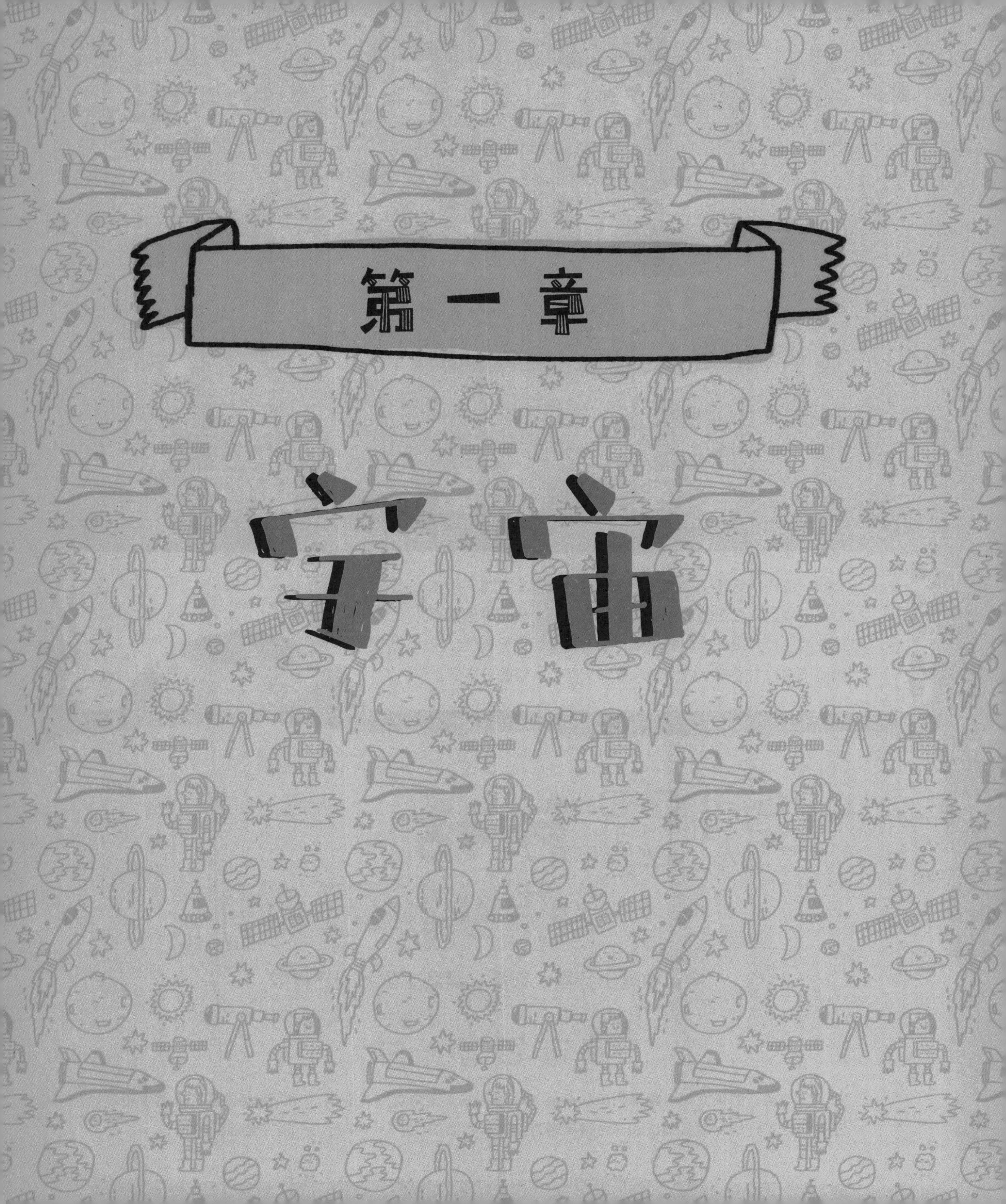

第一章

宇宙

欢迎来到

宇宙！

等等，什么是宇宙？

嗯，也许应该先了解一下什么是太空。太空（也叫外太空）是指我们所生活的地球之外的其他空间。外层空间远离地球表面，但并没有确切的起点，通常用卡门线来描述。卡门线位于海拔100千米处，是地球大气层和太空的分界线。

卡门线

宇宙包括天地万物。

宇宙中有小行星、行星、黑洞、星系，还有你。

宇宙包含一切。

“宇宙”的英文可以翻译为universe或cosmos。这两者的区别是：universe强调广大的宇宙空间包含了一切物质，而cosmos指宇宙万物有着和谐的秩序。（宇宙可不是完全混乱的！）

太空、外太空、宇宙……随便你怎么称呼，总之它们代表的东西都很大——真的很大很大。

宇宙中的天体非常分散，又离我们非常遥远，所以我们无法用米或者千米这样的长度单位来衡量天体之间的距离。为了描述如此长的距离，科学家为我们想了个简单的办法，那就是使用一个特殊的长度单位，它叫作……

嗖——

光年！

没有什么东西（据我们目前所知）速度比光更快。光在真空中的速度高达约30万千米每秒，也就是约11亿千米每小时。以这样的速度，光能在1秒钟之内环绕地球7圈以上。

1光年就是光在真空中1年里走过的距离，大约是94 605亿千米，具体来说是

9 460 730 472 581千米。

天体之间的距离有多遥远？让我们来看几个例子：

太阳

距地球约8光分（约1.5亿千米）

离太阳系最近的恒星

半人马比邻星（距太阳系约4.25光年）

距离银河系最近的大型旋涡星系

仙女星系（距银河系约250万光年）

我们所能发现的宇宙中最遥远的**星系**距离我们有**100多亿光年！**

呋——砰！

虽然无法确定宇宙到底有多大，但可以确定的是

它仍在变大！

之所以这么说，是因为天文学家观测到，太空中遥远的星系正在逐渐远离我们。1927年，一位名叫乔治·勒梅特的比利时天文学家提出了一个理论：宇宙在开始的时候只是一个小小的点，然后在一次大爆炸中迅速膨胀、分离。我们称这一理论为

宇宙有多古老？

宇宙学家（研究宇宙诞生和演化的科学家）认为大爆炸大约发生在

138亿年前。

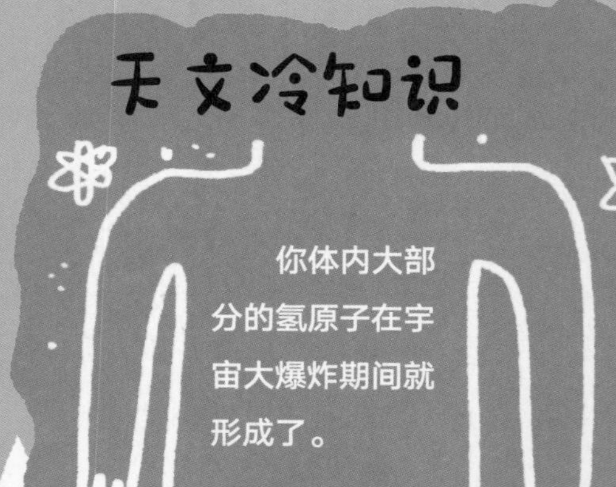

天文冷知识

你体内大部分的氢原子在宇宙大爆炸期间就形成了。

宇宙由两部分组成：

物质 和 能量

物质不仅包括我们能看到的所有东西，例如恒星和行星，还包括一种看不见的东西，我们称之为

暗物质。

我们看不见暗物质，但我们确信它存在，因为科学家发现了它与周围可见物质的相互作用。

能量包括宇宙中所有的光和辐射。不过世界上还存在一种未知的力量，科学家称之为

暗能量。

暗能量也是导致宇宙膨胀的原因之一。

暗能量约占已知宇宙的68%。

完全看不见！

天文冷知识

宇宙主要是由我们根本看不见的暗物质和暗能量组成的，这一点真令人意外。行星、恒星等可见物质的质量仅仅占到宇宙的4%～5%，其他部分都是完全看不见的！

说到看不见的东西，让我们再来聊一聊引力。

引力是一种让物体相互吸引的力。我们无法用眼睛看到它，但我们可以看到它的影响。物体越重，它们之间的引力越大。任何有质量的东西之间都有引力，也包括你和其他人哟！（不过跟行星比起来，我们是质量非常小的物体，所以我们之间产生的引力很小，小到没办法探测。）

正因为引力的存在，星系才会聚集在一起，地球才会围绕太阳运行，而你也不会飘向太空——地球用适度的引力将我们拉向它的中心，所以我们既不会被压扁，也不会飘起来。

太阳有着很大的引力，并把行星往它的方向吸引。幸运的是，地球的轨道能使我们与太阳保持适当的距离，这样我们就不会感到太热或太冷。

星云

太空中由气体和尘埃组成的云雾状天体，叫作**星云**。有些星云由爆炸后的恒星残骸组成。有些星云中能诞生新的恒星——这些造星星云被称为**“恒星摇篮”**。

星云飘浮在散布着恒星的太空中。离我们最近的星云是一个螺旋星云，距离我们约**700光年**。

螺旋星云看起来像一只可怕的大眼睛！

嘘！！！太空中寂静无声！因为它是一个巨大的真空环境，声波无法在太空传播。

星系

移动的恒星、行星、气体和尘埃等，在引力的作用下聚集起来，就形成了星系。

星系形态各异！

旋涡星系

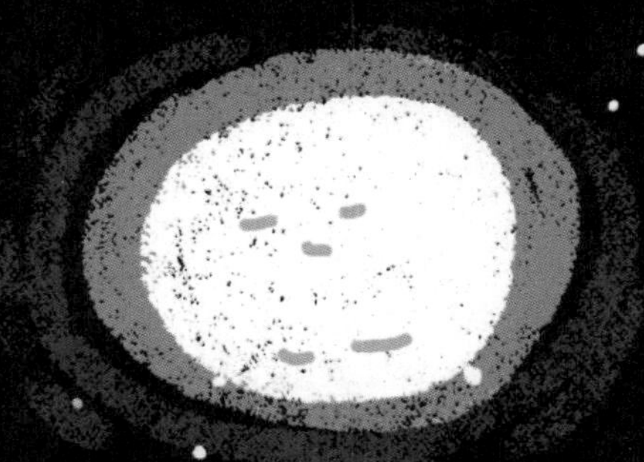

椭圆星系

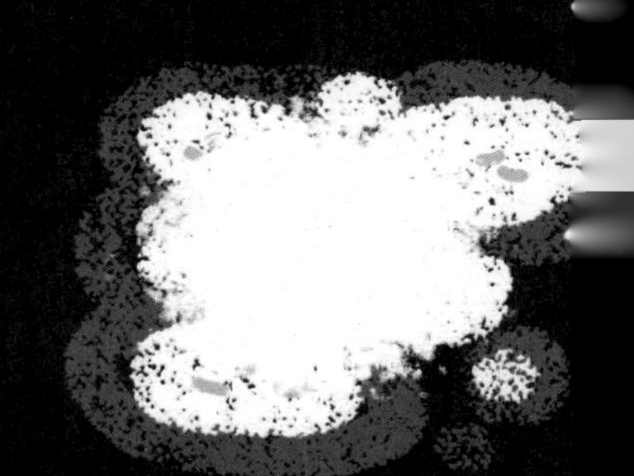

不规则星系

直到1923年，人们才发现其他星系的存在。

埃德温·哈勃

观测到一颗恒星，这颗恒星现在被称为哈勃变星1号（简称V1）。哈勃通过观察V1的亮度变化计算出它与我们的距离。事实证明，它比银河系中的任何恒星都要遥远。这颗恒星属于邻近的仙女星系。

我们的星系——银河系

在晴朗的夜晚，如果条件合适，我们能够在夜空中看到银河系。它看起来有点儿像微弱光线组成的星河，这些光线来自银河系的其他恒星。

对我们来说幸运的是，银河系处在相对宁静的那部分宇宙空间中。不过，银河系并不是静止不动的。实际上，它正以210万千米每小时的速度在太空中飞行着！

银河系是一个棒旋状的星系。

它有10万光年那么宽！

很久以前，古希腊人将银河系称作“乳白色的圈”（Milky Circle），古罗马人则称它为“牛奶之路”（Road of Milk）。

在银河系中，每年大约会诞生7颗恒星！

有时，星系彼此相遇发生碰撞，成千上万的新恒星就会在碰撞中诞生。

一些小型的星系甚至会撞入我们所在的星系。100亿年前，银河系曾与一个名字十分古怪的矮星系相撞，它叫“盖亚腊肠”。

看起来，银河系将会再次发生碰撞！（不过别担心，这在40亿年之内还不会发生。）

笑话时间！

为什么飞机飞那么高
却不会撞到星星？

因为星星会“闪”呀！

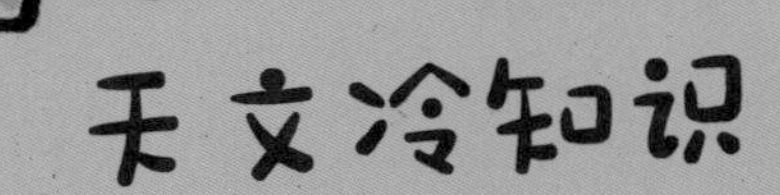

在银河系中有一颗巨大的“钻石星球”。它实际上是一颗古老恒星的“心脏”。它的名字是“BPM 37093”，不过它还有个昵称叫“露西”，这是天文学家根据披头士乐队的歌曲《天空中戴着钻石的露西》命名的。

第二章
太阳系

这是我们的太阳系！

好吧，这图有那么点儿夸张。行星之间并非真的如此紧密，它们的真实距离比图中看起来要远得多。不过，这样画能方便你了解各个行星的排列次序。

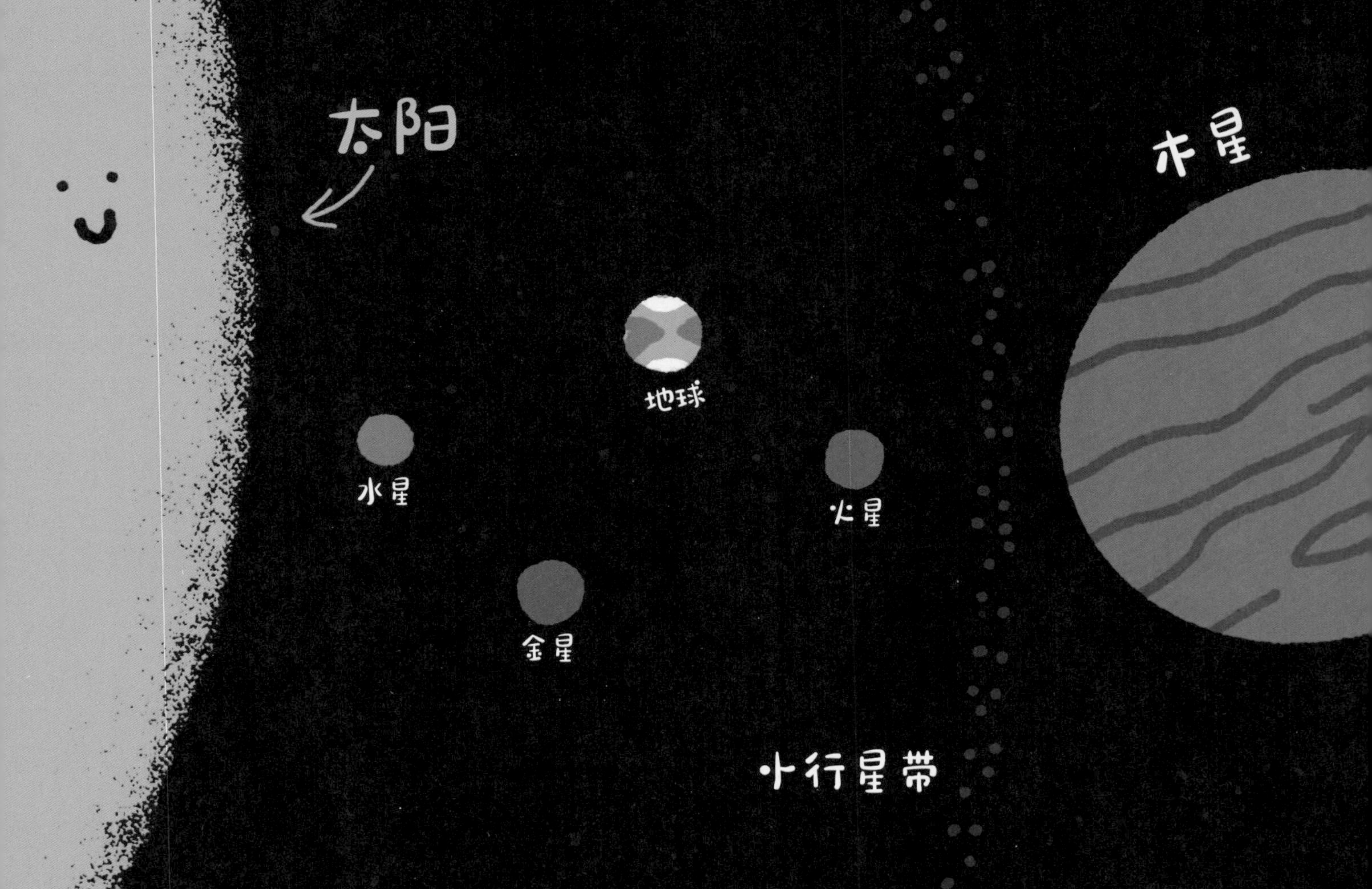

太阳系中大多数地方是空荡荡的。

我们来做一个太阳系模型：如果用一颗小弹珠代表地球，那么整个模型的长度会

超过11千米！

海王星

天王星

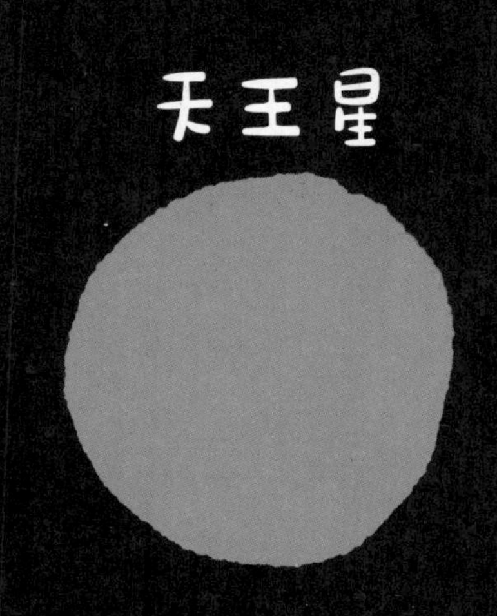

冥王星
（矮行星）

太阳系的中心是一颗巨大而炽热的恒星，也就是太阳。太阳的引力使八颗行星围绕着它运行，但这些行星并不是太阳系中仅有的天体。

行星的轨道就是它们围绕太阳公转走过的路径。

太阳

太阳对地球上的生命来说真的太重要了，它甚至是整个太阳系中最最重要的天体。如果没有了太阳的光和热，那么地球上就不会有生命存在。

太阳是太阳系的中心。

太阳系
重要性比赛
第1名

太阳主要由氢和氦组成。

总有一天，我们的太阳将燃烧殆尽并坍缩。到那时，它的大小将跟地球差不多。但别担心，这至少还要等上50亿～70亿年才会发生。

太阳内部能塞下约100万个地球。

虽然太阳已经很大了，但在恒星当中，它的体积只算得上中等大小。有一颗叫参宿四的恒星，它的直径大约是太阳的700倍！

太阳崇拜文化

许多古代文化中都有太阳崇拜的传统。根据古埃及的神话传说，太阳神“拉”是古埃及地位最高的神。

太阳光从太阳到达地球大约要花费**8分钟！**

我……在……熔……化……

太阳的表面温度很高，这样的高温足以让坚硬的钻石熔化。

假如你乘坐一架普通飞机前往太阳，得需要大概20年才能到达。

太阳质量占太阳系全部质量的99.8%。

1 水星

（距离太阳约5 791万千米。）

★·距离太阳最近的行星。

★·水星上的一天相当于地球上的4 224个小时。

★·自天超级热，晚上非常冷。

（虽然水星离太阳最近，但是金星才是太阳系中最热的行星。）

水星是太阳系中个头儿最小的行星。

40亿年前，一颗超级大的小行星撞击了水星，并在它的表面留下了一个大约与我国青海省面积一样大的撞击坑。

几乎没有大气层。

水星绕太阳公转一周需要88个地球日。

布满了彗星和小行星造成的撞击坑。

在英语中，水星以古希腊神话中跑步非常快的赫尔墨斯的名字命名。这是因为水星绕太阳运行的速度非常快。

2 金星

（距离太阳约1.08亿千米。）

太阳系中火山最多的行星，超过1 600座！

拥有由硫酸构成的**腐蚀性云层！**

由于它非常明亮，古罗马人就以爱和美的女神——维纳斯的名字来命名它。

它的个头儿跟地球差不多。

因为离地球很近，所以金星是我们在夜空中可以看到的第二明亮的自然天体（仅次于月球）。

金星的一天约等于243个地球日。

它的自转方向与其他大多数行星相反。

金星有着厚厚的大气层，可以储存热量。它表面的平均温度是462℃。

3 

（距离太阳约1.5亿千米。）

约46亿岁

以10.7万千米每小时的速度围绕太阳公转！

太阳系最佳行星奖

有着寒冷的两极。

地球表面超过2/3都被海洋覆盖。

地球对我们来说意义非凡。

为什么？→ 因为这是我们生活的地方。

这是目前人类所发现的唯一一颗存在生命的星球！

这是太阳系中唯一一颗拥有大量液态水——海洋的行星。

海洋是生命的摇篮。

它与太阳的距离刚刚好。

不会太冷，也不会太热！

地球的一年实际上是365.25天。

这就是为什么我们会设置闰年：每4年的2月末会额外多出1天。

地球的卫星

没错，月球并不是行星！
然而，它非常非常重要！

很多行星都有它们自己的卫星。

但我的卫星是最棒的！

迄今为止，有12个人登上过月球。

一些天文学家认为，月球是在数十亿年前形成的。当时，一个火星大小的天体撞击了地球，它们碰撞掉落的碎片渐渐聚集，形成了月球。

月震

像地震一样，月球上也有月震。月震能够持续半个小时，而大多数地震仅仅只有几秒钟。

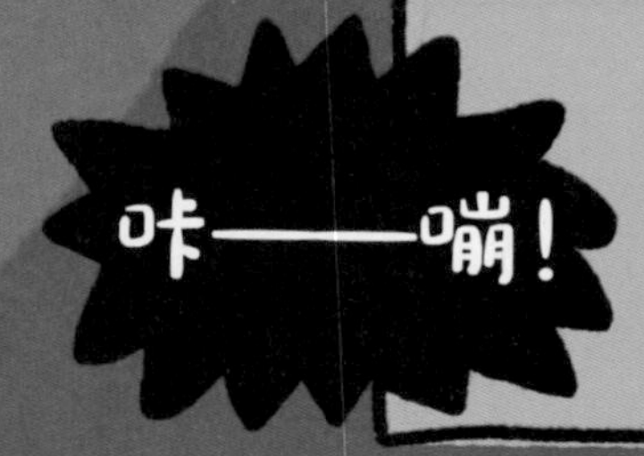

20世纪50年代，美国差点儿在月球上引爆了一枚核弹！苏联“斯普特尼克1号”的成功发射刺激了美国，美国也想稍微炫耀一下。所以，他们有了向月球发射核弹的想法！幸运的是，他们最终没这么做，因为担心月球的辐射水平会上升，这可能会危及未来的月球任务。

月球

在月球上称体重，体重秤显示的数值会比在地球上时小得多！这是因为月球的引力大约只有地球的1/6，如果你在地球上是个90千克的大胖子，那么你在月球上称出的体重大约只有15千克。

它正在以每年约3.8厘米的速度慢慢远离地球！

月球的引力作用是引发地球海洋潮汐的原因之一。

直径约为地球的1/4。

欢迎来到我的“黑暗面”！

太阳系中体积第五大的卫星。

月球的一面一直背对着地球，有些人称它为月球的“黑暗面”。但这种说法是不准确的，“黑暗面”实际上也能照到很多太阳光，所以天文学家称它为月球的“背面”。

在月球两极表面发现了水冰。

“吃掉”太阳和月亮！

日食

当月球处在地球和太阳之间，且这三个天体排成一条直线时，月球会挡住太阳的光线，形成日食现象。这种情况每年大约发生2次。但是，你必须得在地球上某个合适的地点才能看到这一现象。

月食

当地球处于太阳和月球之间，地球会遮挡住原本应该照射到月球上的光线，使它看起来非常暗淡。月食期间，月球表面的温度会急剧下降。在10～30分钟内，它可以降到-173℃！

火星

（距离太阳约2.28亿千米。）

我们在地球上发现过火星的碎片。

和地球一样，火星也有极地冰盖。

火星的一年相当于687个地球日。

火星的名字马尔斯（Mars）来自古罗马神话里的

战神

因为火星表面的土壤中富含红色的氧化铁（也就是铁锈），火星整体呈现出红色，所以，火星也被称为“红色星球”。

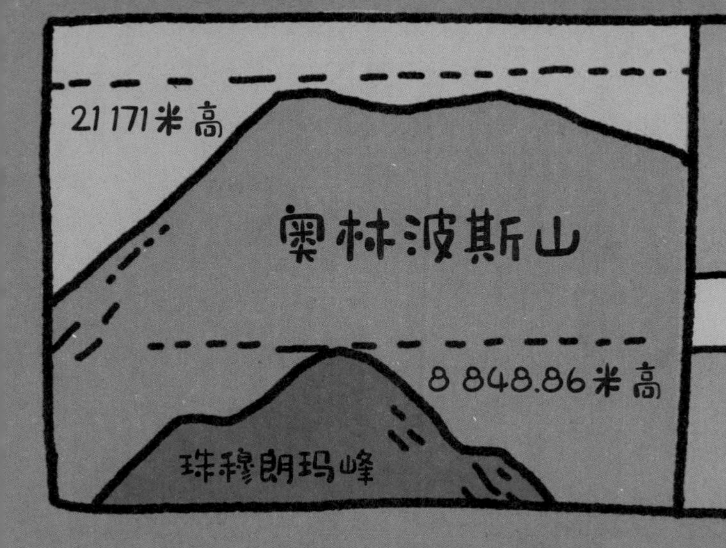

火星上有一座奥林波斯山，它是太阳系目前已知最高的山峰。

它的高度超过21千米！

这比地球上最高的珠穆朗玛峰高度的两倍还要高。

火星有2颗小卫星

←火卫一
和
←火卫二

火星上还有非常猛烈的沙尘暴，常常会持续几个月之久。

海盗计划

人类在火星上开展过很多次由无人驾驶探测器进行的探测任务。第一个探测器是来自美国国家航空和航天局的“海盗号”火星探测器。该探测器由轨道飞行器和登陆舱两部分组成。轨道飞行器环绕火星运行，登陆舱则在火星表面进行观测。它们被派去寻找火星上的生命迹象。

5

（距离太阳约7.78亿千米。）

木星非常大！它是太阳系中个头儿最大的行星，质量几乎是太阳系中其他行星质量总和的2.5倍。

它的自转速度比其他行星都要快。

木星有着非常微弱的光环。这些光环由微小的尘埃颗粒等组成。

庞大的卫星群

木星至少有95颗卫星，其中包括太阳系中最大的卫星——木卫三。木卫三比水星和冥王星都要大。

与地球不同的是，木星没有坚固的地表。它的表面是堆积的气体层，所以你无法在上面行走。

对天文学家来说，木星的中心是什么至今还是个谜。有些人认为它的内核可能是高温液态的，也有人认为其内核可能是固态的岩石，有14个地球那么大。

木星非常明亮！

你不用借助望远镜就能在夜空中看到它。

它是夜空中第三亮的天体，仅次于月球和金星。

大红斑

木星表面有一场永不停歇的风暴：大红斑的大小大约是地球的1.3倍，风速是地球上最强飓风的好几倍，最高可达650千米每小时。

（距离太阳约14.27亿千米。）

跟木星一样，土星也非常明亮，你不需要借助望远镜就能在夜空中看到它。

老师夸我聪明得闪闪发光！

土星是木星之外的另一颗气态巨行星！

它主要由氢和氦组成。如果你试图飞近土星，你将无法着陆。而且，土星上非常高的气压和温度会……呃……让你的宇宙飞船变得很糟糕！

土星的卫星土卫六比水星还要大！

土星至少有150颗卫星，是太阳系中卫星最多的行星。

土星环由冰和岩石颗粒等组成。

土星环的宽度可以达到上万千米，但大多数地方的厚度只有10多米。

土星E环宽度超过20万千米！

土星的直径是地球的

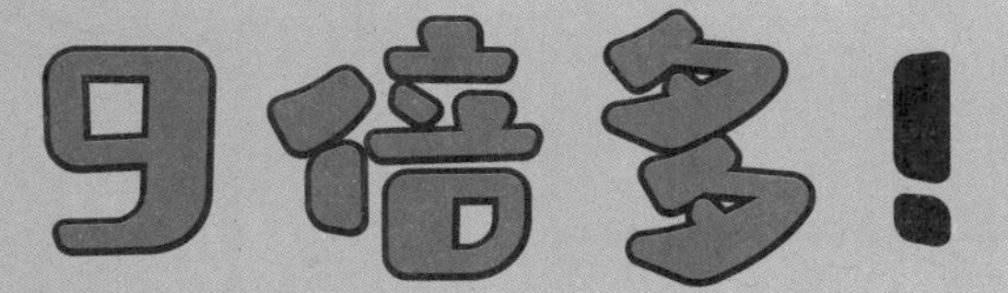

7 天王星

（距离太阳约29亿千米。）

冰态巨行星

天王星的大部分质量来自：

水 氨气 甲烷

记得保暖！

如果你想去天王星，你必须带足够厚的外套！

它是太阳系中最寒冷的行星，那里的气温可能会低至-220℃！

天王星的自转倾角约为98度！

（也就是说，它几乎是躺着转的！）

在地球上，每个季节只有几个月。而在天王星上，一个季节会持续**大约21年。**

大气中的甲烷气体使天王星呈现出蓝绿色。

天王星有细小的光环，它们是由岩石和尘埃组成的。

天王星至少拥有27颗卫星，它们都是由岩石和冰组成的。

天王星绕太阳公转一圈大约需要84个地球年。

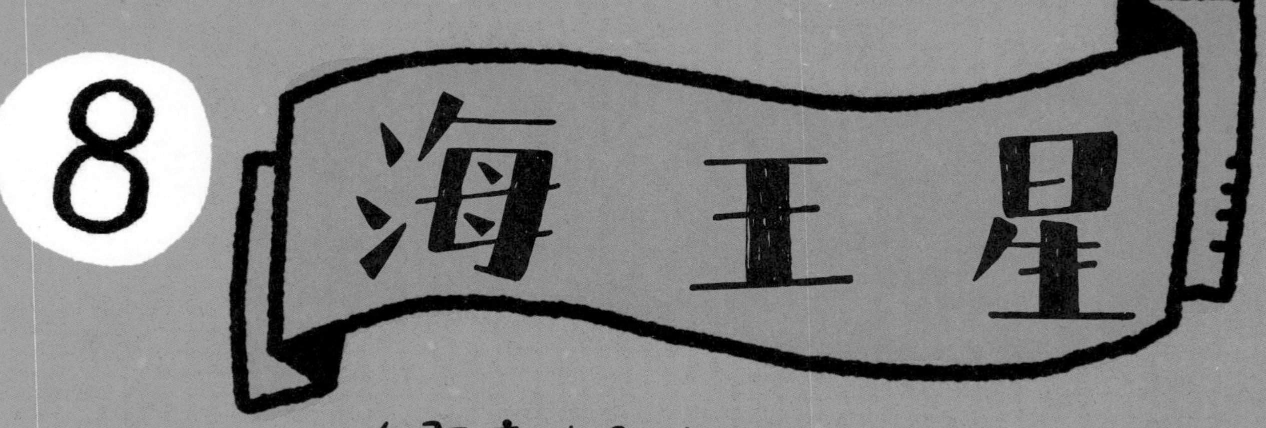

（距离太阳约45亿千米。）

太阳系中距离太阳最远的行星。

它有着由灰尘和小岩石组成的薄薄的光环。每个光环都以著名的天文学家命名：加勒环、列维尔环、拉塞尔环、阿拉哥环和亚当斯环。

它拥有太阳系中最强劲的风暴，时速超过2 100千米！

这可比声速还快哟！

它有14颗卫星。

发现于1846年。

海王星上曾有一个巨大的、持续了5年左右的风暴，被称为“大黑斑”。它的尺寸跟木星的大红斑相当。

海王星上还有一个比较小的风暴，被称为“小暗斑”！它其实也没有那么小，而是跟月球差不多大！

海王星有一颗名为“海卫一”的巨大卫星，它的公转方向与海王星的自转方向相反！这是太阳系中唯一一颗运行方向与行星自转方向相反的大型卫星。

海王星的一年约为165个地球年。

等等，冥王星去哪儿了？

1930年，人们发现了绕着太阳公转的冥王星。从此，冥王星被认为是太阳系的第九颗行星。

2006年，国际天文学联合会召开了一次会议，做出了一个非常艰难的决定。在柯伊伯带和太阳系的其他一些地方也有许多同行星类似的天体，因此，天文学家对行星重新进行了定义。他们决定（尽管有些人并不乐意）把行星定义为这样一类天体：

- ☑ 围绕恒星运行。（冥王星围绕太阳公转，符合要求！）
- ☑ 质量足够大，自身引力能够使它成为球体。（通过！）
- ☒ 具有足够的引力来清除其轨道附近的其他物体。

（这被称为“清空邻近区域”。这也是冥王星不符合“行星定义”的原因。冥王星太小了，无法让它周围的物体围绕它运行，所以它只能算是一颗矮行星。）

冥王星的轨道古怪又随意。因此，它有时比海王星离太阳更近。

小行星带

在火星和木星的轨道之间，有一条小行星带——这是太阳系中两条重要的岩石超级高速公路之一。在这条小行星带中，除了大多数很小的天体外，还有一颗名为谷神星的矮行星，三颗重要的小行星：灶神星、智神星和健神星。

发现于1801年。

人们曾经认为，小行星带是由一颗很久以前被摧毁的行星的碎片组成的。但现在，天文学家认为这种观点是不正确的。

有几家公司想去小行星上开采金、银和铂。

这儿没有你想象的那么拥挤。如果将小行星带中的所有岩石聚集成一个大球，它的质量只有月球的4%。

每颗小行星之间平均相距100万~300万千米。

柯伊伯带（又称古柏带）

在海王星轨道之外，有一圈围绕太阳运转的冰质岩石环——柯伊伯带。它的质量大约是小行星带的20~200倍！这里分布着一些矮行星，比如冥王星（听起来很熟悉吧？）、妊神星和鸟神星。

1992年，人们发现了柯伊伯带的第一个冥外天体，它的小名叫“Smiley”，但后来改名为“1992 QB1”。

加赠

超过

500人

去过太空！

你是否想知道，现在有多少人在太空中？下面这个网站会告诉你答案。

网址：www.howmanypeopleareinspacerightnow.com

宇航员克里斯·哈德菲尔德表示，太空闻起来像

烧焦的牛排！

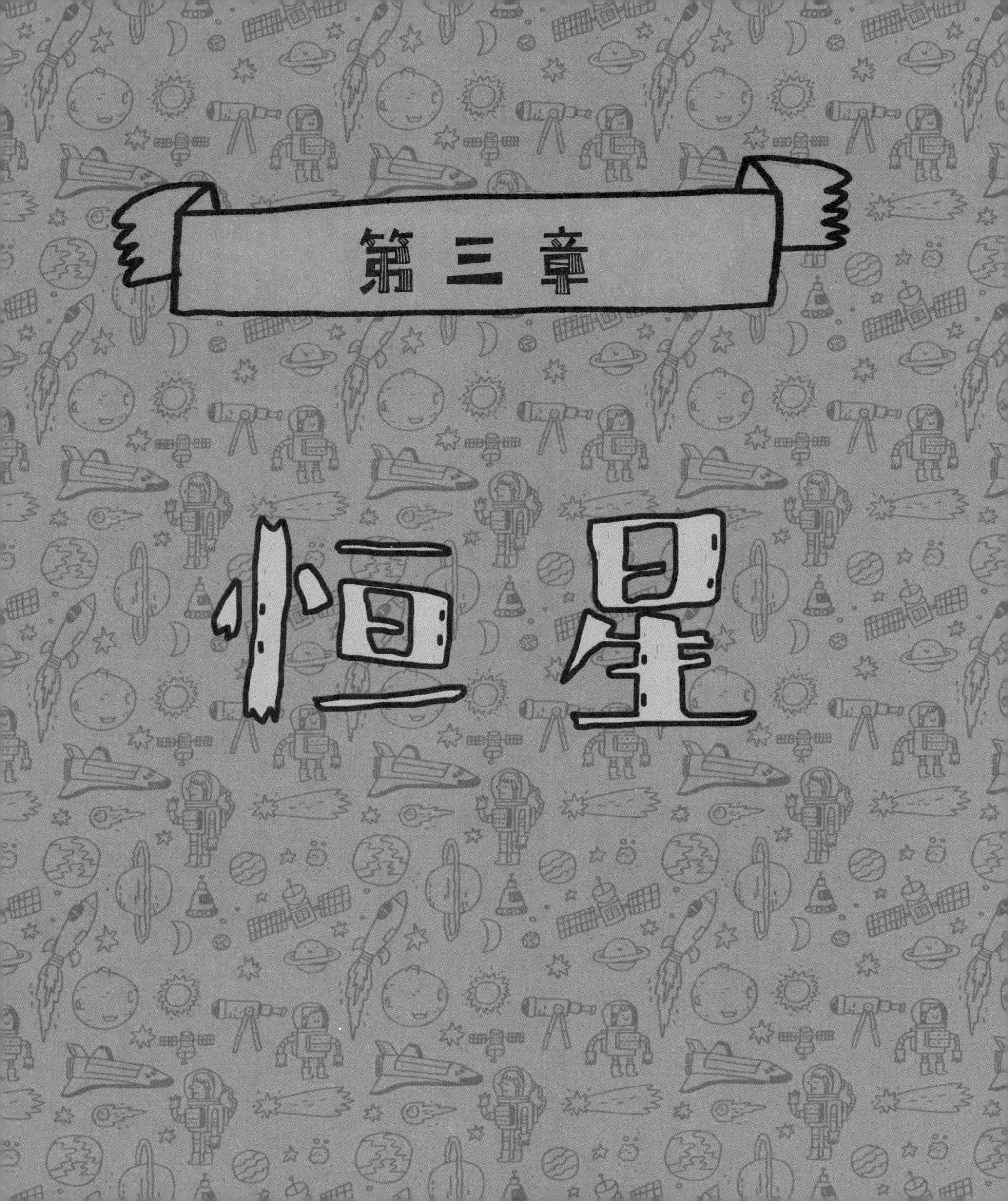

第三章 恒星

恒星是什么？

恒星是燃烧着的巨大“气体球”！

恒星能够产生巨大的能量，所以它们看起来非常明亮。在我们的太阳系中，也有这样一颗恒星，我们称它为太阳——你是不是觉得很熟悉呢？

据估计，仅仅在银河系就有1 000亿~4 000亿颗恒星！

从地球上的任何一个地方，你都能看到大约2 000颗恒星！

（你需要在一个晴朗无云的夜晚，去一个远离城市的地方观测。）

太空中有多少颗恒星？我们无法得知，但有人猜测至少有10^{24}颗！这个数字也就是1后面有24个0！

1 000 000 000 000 000 000 000 000!

试一试！

关掉所有的灯，走到户外坐下，仰望夜空。如果想要看到更多的星星，你需要先花30分钟左右来让你的眼睛适应黑暗。你在黑暗中待的时间越长，看夜空中的小光点就越清楚。

一闪一闪亮晶晶！

星星会“一闪一闪”是因为我们是透过地球的大气层来看它们的。来自恒星的光与大气碰撞并折射，使得恒星看起来像“一会儿开灯，一会儿关灯”似的。像哈勃空间望远镜这样的天文望远镜十分重要，因为它们处于空间中，观测恒星时不会受地球大气层的影响。太阳系的行星看起来不会一闪一闪的，是因为相较于遥远的恒星，它们离我们近得多。

恒星的分类

矮星

大多数恒星都是矮星，它们是最小、最暗的恒星。例如，太阳就是一颗矮星，还有一些恒星比太阳更小。

黄矮星

黄矮星是中等大小的恒星，太阳就是一颗黄矮星。黄矮星的寿命约为100亿年。一些黄矮星实际上是白色的。事实上，太阳也是白色的，但由于地球大气层的影响等原因，太阳看起来是黄色的。

白矮星

白矮星内部的氢燃烧殆尽，已停止核反应，仅仅剩下炽热的内核（内核只有地球那么大）。

红矮星

这是最为常见的一类恒星，但是它们非常暗淡，需要借助望远镜才能看到。半人马座比邻星是离太阳最近的一颗恒星，它也是一颗红矮星。由于红矮星的氢燃烧速度更慢，所以它们的寿命比其他类型的恒星更长。它们能够存活上万亿年。

巨星

巨星可以比太阳大几百倍。

超巨星

有些超巨星的半径大约是太阳的2 000倍，亮度是太阳的10亿倍！

超巨星又大又亮，很快会燃烧殆尽，所以它们的寿命并不长。一些寿命较长的超巨星可以维持3 000万年，还有一些却只有短短几十万年。

恒星的诞生

星云是一片充满氢气和尘埃的巨大星际云。有一种星云被称为“恒星摇篮”，因为那里是

恒星诞生的地方！

在星云的某些地方，气体开始聚集在一起。

这些气体云变得密集，引力作用让它们吸入更多的气体。气体云开始变得愈发稠密，温度也越来越高，最终在自身引力的作用下坍缩，成为科学家所说的原恒星。

如果原恒星积累了足够的质量，它就可以在顶部和底部制造两个巨大的气体喷泉！

最终，原恒星内核的温度继续升高，高到足以产生氢氦聚变反应，原恒星就正式成为一颗恒星啦！

这个过程将持续数百万年，你得非常有耐心。

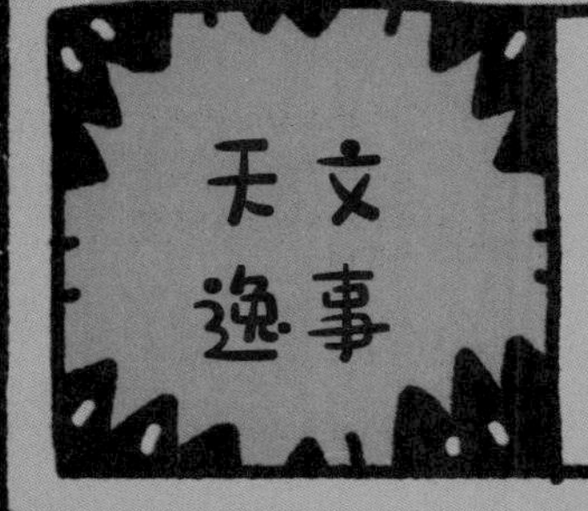

有些恒星高速自转并喷发辐射流！

这类恒星被称为脉冲星，是约瑟琳·贝尔·伯奈尔在剑桥大学学习期间和她的导师共同发现的。这一发现为她的导师赢得了诺贝尔物理学奖！大约50年后，她被授予“基础物理学特别突破奖”，奖金为300万美元！

星座

人类自从来到这个星球，就一直在观察星空。

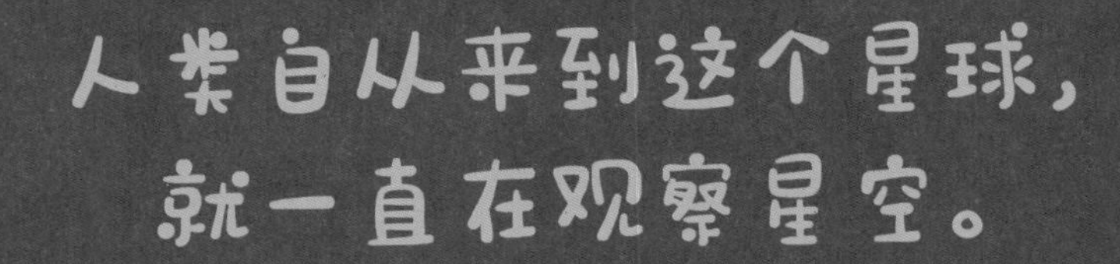

那些有着上万年历史的洞穴壁画，描绘着我们今天依然可以看到的星座图。

几个世纪以来，水手们常常把星空看作导航图。他们利用明亮星星的方位来帮助自己定位，辨别航行的方向。

北半球的夜空中有一颗明亮的星星，它几乎全年都处在地轴的北端，因此被称为“北极星”。如果你想去北极冒险的话，别忘了抬头看一看，北极星会一直在你头顶的天空指引你。不过，天空中最亮的星星并不是北极星，而是大犬座α星，它还有个家喻户晓的名字——天狼星。

星星相连！

几个世纪以前，人们开始给一些星星分组，并将星群勾勒出人、动物、神兽等形状。这些星群被称为“星座”。天空中共有88个已命名的星座，有些星座中的某些星星也能单独组成奇妙的图案。

比如：

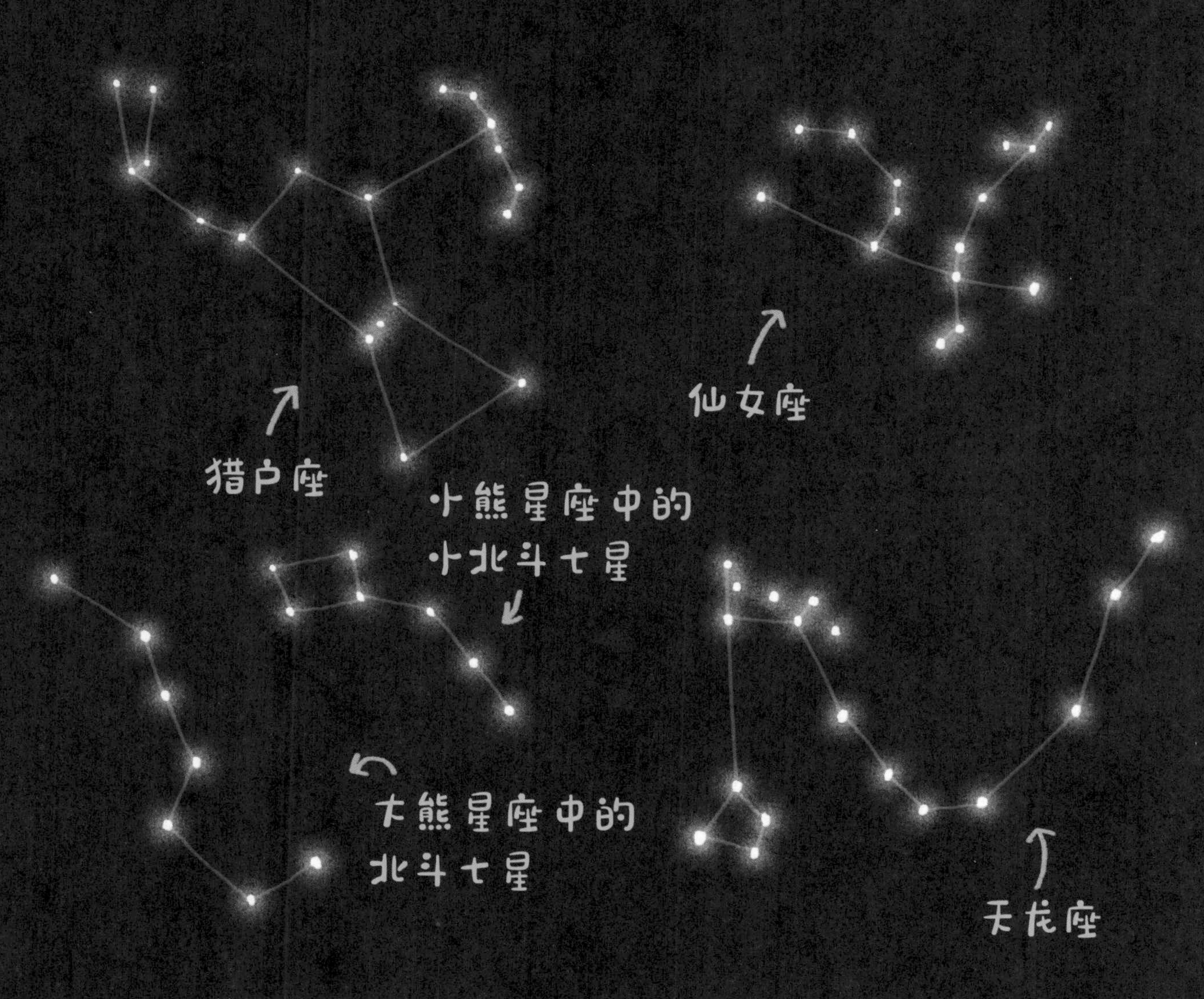

关于星座，最早的记录来自3 000年前的古巴比伦（在今天的伊拉克一带）。但人们相信，给星群勾勒形状的历史要比这悠久得多。

小心那些爆炸的星星！

超新星

巨星常常在其生命即将结束时“砰”的一声爆炸！超新星是一些大质量恒星燃料耗尽时的产物。

发生超新星爆炸的一种形式是恒星坍缩。这些恒星的巨大能量会使其核心保持高温。当核心无法再承受引力的挤压时，它们就会坍缩，而且坍缩的速度非常快。接着，恒星就会爆炸。

在一个星系中，通常每100年会发生2~3次超新星爆炸。

超新星爆炸后会变成什么样子取决于这颗恒星曾经有多大。其中一种可能是成为一颗有着致密核心的中子星。中子星的半径可能只有几千米，但它的质量却能超过太阳。

你一定听说过关于宇宙黑洞的奇妙故事吧！但它们真的存在吗？它们到底是什么？

那些质量非常非常大的恒星死亡后，会成为一个体积非常小、密度非常高（无限小和极端致密）的怪物。这个怪物就是黑洞，它会将周围的一切东西都吸进去，甚至包括光。

听起来是不是很恐怖？！你是不是正暗自庆幸“还好它们只是飘浮在太空中，而且离我们很遥远”？事实上，你也在

围绕着一个黑洞旋转！

银河系的中心就有一个超大质量的黑洞，银河系围绕它运行。不过别担心，它距离我们足有2.7万光年呢！

太阳质量太小，死亡后无法成为黑洞。

宇宙中有非常非常多（不计其数！）的黑洞。

时间在黑洞附近会变慢并扭曲。

迄今为止，人类所发现的黑洞可以分为
类："恒星质量"黑洞（质量有几个太阳到
个太阳那么大）和"超大质量"黑洞（质量
阳质量的一百万到几十亿倍）。

事件视界

这是一个环绕黑洞边缘形成的圆圈。它标志着你被黑洞吸入之前能够到达的最接近黑洞的地方！

"意大利面化"

我知道这本书里有很多有趣的知识和太空笑话，所以你可能会以为"意大利面化"也是一个有趣的笑话。但它其实是一个天文学术语，科学家用它来描述物体越过事件视界后会发生什么变化。黑洞的引力非常强，它会把物体拉拽成细长的形状。你知道那像什么吗？对！意大利面。所以这种效应也被称为"意大利面化"。（再次强调，这不是我编的。）

繁星点点

宇宙中有多少颗星星？它们的数量超过了……

自地球形成以来的约46亿年里经过的所有秒数！

不可能吧？！

第四章

太空岩石

等等！太空岩石的英文是不是“Space Rocks”？所以它既有“来自太空的岩石”的意思，又有“太空太酷了”的意思？

没错！

太空岩石

识别指南

太空中飘浮着许许多多的岩石。实际上，围绕太阳运转的岩石有数十亿颗（甚至可能是上万亿颗）。

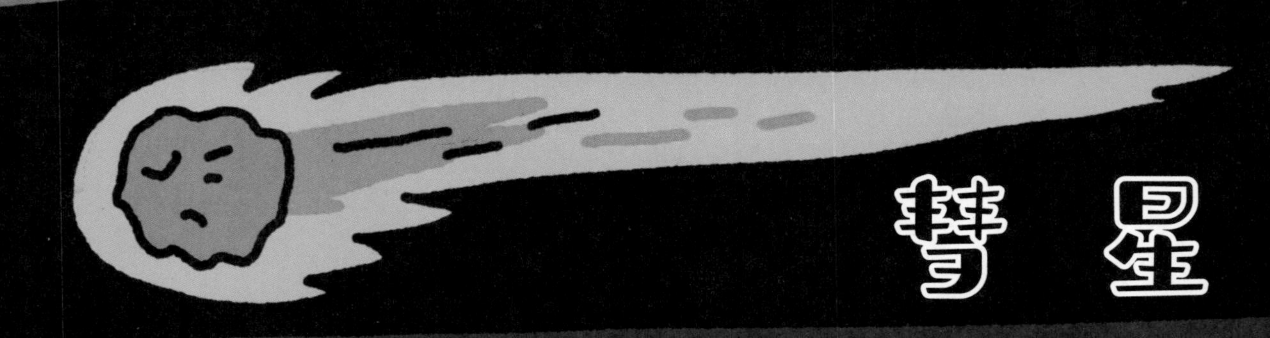

彗星

彗星是一种由岩块、冰和尘埃组成的天体。彗星经过太阳附近时，其中的冰物质开始融化，释放气体和尘埃，就像拖着一条长长的“尾巴”。彗星每次经过太阳附近时都会变小。

小行星

太阳系形成之初遗留下来的岩石状天体。它们的直径小至3米，大到950千米！太阳系中的大多数小行星都位于火星和木星轨道之间的小行星带。尽管有些小行星可能含有水，但是据我们所知，这恐怕并不足以维持生命。

有些小行星有光环！

有些小行星有自己的卫星！

微陨星体

一种跟小行星有些类似、直径不超过100米的小天体。

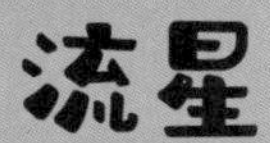

进入地球大气层的细小物体和尘埃。

流星雨

大量的流星从天空中同一个辐射点发射出来的天文现象。

哇！

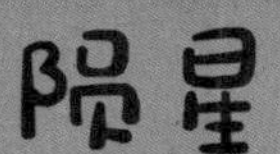

流星穿越地球大气层后，没有完全烧毁而落在地面上的部分。

火流星

进入地球大气层后爆炸的大型流星体。

哈雷彗星

肉眼可见，不需要望远镜。

它以发现者埃德蒙·哈雷的名字命名！哈雷成功预言了该彗星的回归时间。

据说哈雷彗星最早记录于公元前613年。

每隔75～76年就能看到它。

它非常大，直径超过10千米。

2061年它将会再次经过地球。

美国著名作家马克·吐温出生和去世的年份都出现了哈雷彗星。

1910年，在彗星即将到来之时，有些人担心来自彗星的气体会杀死地球上所有人！许多人准备了防毒面具，甚至还买了声称可以防止彗星气体进入体内的药片；还有人用胶带堵住钥匙孔，防止彗星气体进入房间。

抗彗星气体药片

第五章
太空
探索

我们将那些观察星空，研究恒星、行星和宇宙的科学家称为

天文学家

天文学先驱

埃拉托色尼（约公元前276—约前194）

公元前200年，这位早期的天文学家通过测量太阳的影子，估算出地球的周长为39 690千米。几个世纪后，人们对地球的精确测量显示，地球的周长为40 076千米，和他的估算结果相差不到100千米！

这简直太厉害了！尤其是在那个年代，那时的大多数人还错误地认为地球是平的！

尼古拉斯·哥白尼

（1473—1543）

这位波兰天文学家提出了日心说理论，认为地球围绕太阳运行。在此之前，人们普遍认为地球才是宇宙的中心。

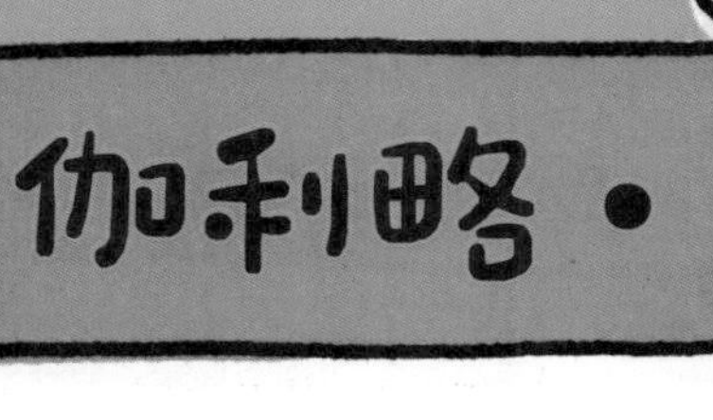

伽利略·伽利雷

（1564—1642）

他发现了木星的卫星和土星的光环，并制作了伽利略望远镜。尽管他不是望远镜的发明者，但他是第一个把望远镜应用于天文学的人。

伽利略认同哥白尼的日心说理论，然而，天主教会坚信地球才是宇宙的中心，所以他们对伽利略的主张非常不满，不允许他公开谈论自己的天文发现。尽管如此，伽利略依然没有屈服于天主教会。他出版了一本书，宣称哥白尼的日心说理论是正确的。在这之后，他被终身软禁。

艾萨克·牛顿（1643—1727）

1671年，艾萨克·牛顿制造了第一台反射式望远镜，让望远镜的功能变得更加强大，同时体形更加小巧。他发现了万有引力定律，帮助我们理解引力是如何影响行星运行及其运行轨道的。他还创立了数学中的微积分！

牛顿万有引力理论的第一份手稿在一场火灾中意外被毁。据说是一只小狗打翻了烛台，使得手稿被烧毁了。因此，牛顿不得不又花了一年时间重新写成。

现代天文学家

维拉·鲁宾

（1928—2016）

她是一位伟大的天文学家，发现宇宙的主要组成部分是

看不见的暗物质！

斯蒂芬·霍金

（1942—2018）

一位以解释宇宙和黑洞的起源而闻名的物理学家。

南希·格雷斯·罗曼

（1925—2018）

她创建了美国国家航空和航天局的太空天文学项目，被称为“哈勃之母”，因为她在哈勃空间望远镜的前期规划工作中做出了很大的贡献。

尼尔·德格拉斯·泰森

（1958— ）

一位以普及科学为目标的天体物理学家。他是美国自然历史博物馆海登天文馆的馆长，也是一名天体物理学家，主要从事恒星和其他天体的诞生与演化研究。

望远镜

望远镜对天文学家来说是非常重要的工具。它可以通过曲面透镜将光线聚集到一个焦点上，帮助天文学家观测行星和其他遥远的天体。

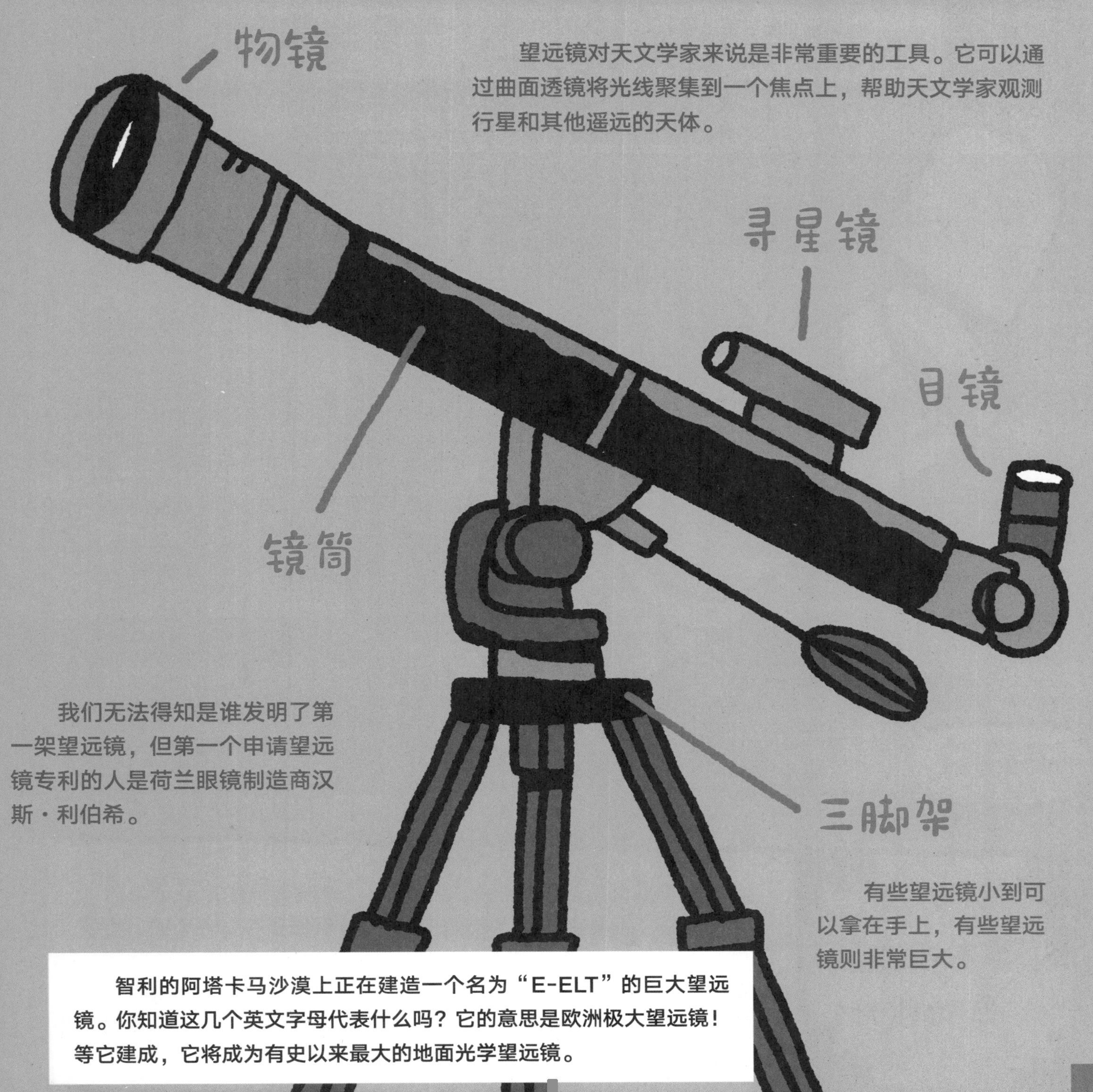

我们无法得知是谁发明了第一架望远镜，但第一个申请望远镜专利的人是荷兰眼镜制造商汉斯·利伯希。

有些望远镜小到可以拿在手上，有些望远镜则非常巨大。

智利的阿塔卡马沙漠上正在建造一个名为“E-ELT”的巨大望远镜。你知道这几个英文字母代表什么吗？它的意思是欧洲极大望远镜！等它建成，它将成为有史以来最大的地面光学望远镜。

哈勃空间望远镜

为了避开地球大气层对人们视线的干扰，这架巨大的望远镜被发射到了太空中。

一架空间光学望远镜要比相同规格的地面光学望远镜的性能更优越，因为它可以让科学家的视野不受地球大气层的约束。

哈勃空间望远镜以天文学家埃德温·鲍威尔·哈勃的名字命名，他证明了银河系之外存在其他星系。

自从发射以来，它已经进行了数百万次观测。

太阳能电池板为其供电。

哈勃空间望远镜长度超13米。

（跟一辆公交车差不多长。）

1990年发射。

花费了约25亿美元。

并不清晰的原始照片

哈勃空间望远镜传回的第一批照片并没有科学家们期待的那样清晰。经研究发现，这是由于其中一面镜子存在一个很小的瑕疵。尽管这面镜子在制作时边缘只多磨掉了一张纸1/50的厚度，但这足以使哈勃空间望远镜无法正常工作。3年后，美国国家航空和航天局派出宇航员进入太空将其修复。自那之后，我们就能从哈勃空间望远镜接收到精美绝伦的太空照片了。

韦布空间望远镜

它在离地面约150万千米的高度运行。

它的镜片上覆盖着一层薄薄的黄金！

这看起来是不是有点像太空战斗机？实际上，这是一架全新设计的功能强大的望远镜，并且已经于2021年成功发射到太空。这架望远镜非常昂贵，据估计，它的建造成本约为100亿美元。

它的功能非常强大，能够让人在40千米外清楚地分辨出一枚硬币，还能探测到远在月球上的一只大黄蜂的热量！

火箭发射之前，这架空间望远镜会被折叠起来装进火箭。等被送入预定轨道后，它就会在太空中展开。

人造卫星

什么是卫星？

狭义上讲，任何围绕其他天体运行的天体都叫作卫星。地球围绕太阳运行，所以地球也可以说是太阳的一颗卫星。

太空中还有许许多多的人造卫星！

这些人造卫星绕着地球运行，有些可以用来观测行星和外层空间，有些则用于向全球用户传送音频、视频和数据等信息。

此时此刻，大约3 000颗人造卫星正绕着地球运行。

地球最大的天然卫星

你知道地球最大的天然卫星是哪一颗吗？我来给你一个提示——你能够在晚上看到它。答案就是月球！

太空时代的曙光

第一颗人造卫星

哔——哔—— 斯普特尼克1号

1957年，苏联向太空发射了一颗沙滩球大小的人造卫星。它被称为“斯普特尼克1号”，它的发射开启了美国和苏联之间的太空竞赛。这两个国家都试图通过率先进入太空来证明自己的实力。

- 人们可以通过特殊的无线电设备接收这颗卫星的信号。
- 斯普特尼克在俄语中的意思是“人造卫星”或“旅行伴侣”。

它绕地球运行了3个月。

如果你对苏联不熟悉，你也不必去地图上查找这个国家。1922年，苏俄和一些周边国家共同组建了这个更大的国家——苏联（苏维埃社会主义共和国联盟）。这个国家一度是世界上领土最大的国家，但它在1991年解体了。现在世界上国土面积最大的国家是俄罗斯。

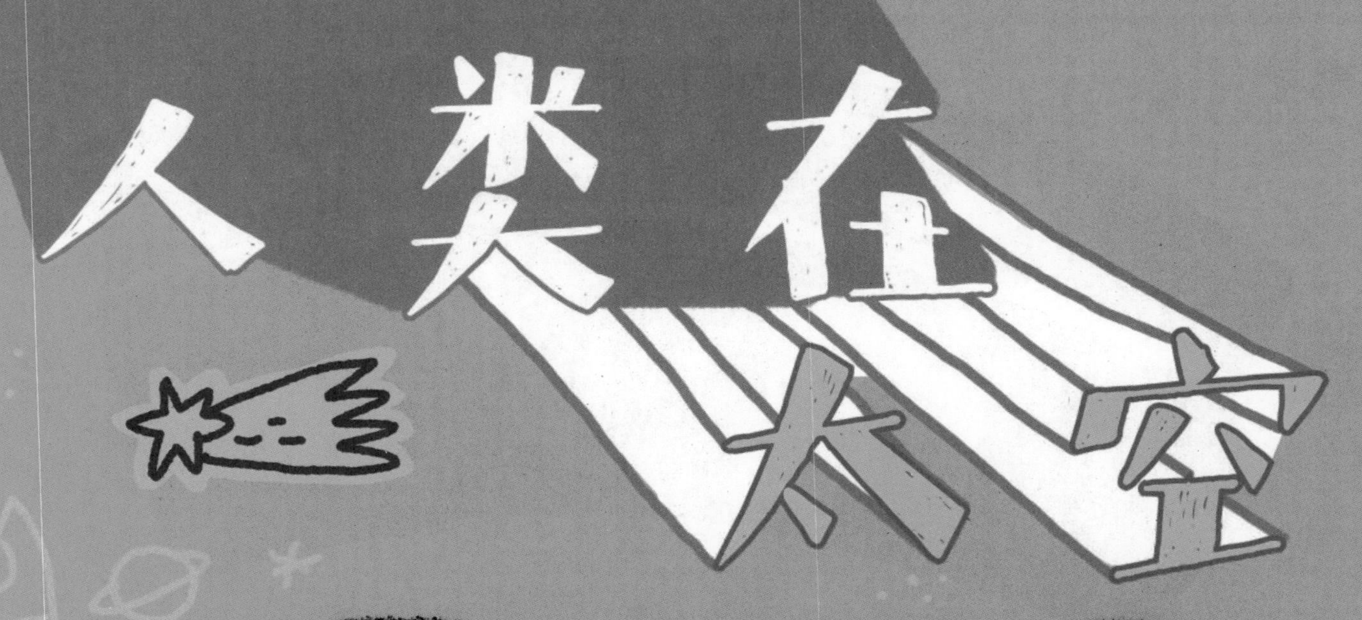

美国、加拿大、日本

和欧洲的一些国家习惯将太空飞行者称为

宇航员。

这个词来自希腊语，意思是“在星际航行的人”。

俄罗斯宇航员和中国宇航员

也被叫作航天员。

最早进入太空的人类

1961年，尤里·加加林

成为第一个离开地球飞向太空的人！他乘坐“东方一号”宇宙飞船围绕地球飞行了108分钟。由于“东方一号”没有配置减速发动机帮助宇航员在返回途中减速，所以加加林只好在海拔7千米的高空弹射出舱。从技术上讲，执行太空任务的宇航员应该与飞行器共同降落……为了将该任务视作一次成功的太空飞行，苏联在报道中省略了对加加林弹射出舱过程的描述。

航天逸事

尤里·加加林因1968年的一次战斗机失事而遇难。为了纪念这位人类英雄，美国国家航空和航天局的“阿波罗11号”登陆月球时，在月球上留下了一枚刻有加加林名字的纪念章。

首位进入太空的女性！

瓦莲京娜·捷列什科娃

她在环绕地球的轨道上逗留了3天。

首位环绕地球飞行的美国人！

约翰·格伦

1962年，他成为第一位进入地球轨道的美国宇航员。他成功环绕地球飞行了3圈。

1998年，77岁的他重返太空，创下年龄最大的太空飞行者的纪录。

“阿波罗11号”

首次成功完成登月任务！

1969年，美国发射了“阿波罗11号”，成功地将人类送上了月球！

NASA

美国国家航空和航天局是美国的一个政府机构，专注于太空计划和太空研究。它成立于1958年。

尼尔·阿姆斯特朗

1969年，“阿波罗11号”起飞后的第4天，阿姆斯特朗踏上了月球表面，并说了这句后来成为经典的话：

这是个人的一小步，却是全人类的一大步。

他在拿到驾照前就上过飞行课。

第一次在月球上漫步时，大部分照片都由阿姆斯特朗拍摄，所以照片中大多都是奥尔德林的形象，而非阿姆斯特朗。

据说他的这句话在从月球传送到地球的过程中少了一个单词，就变成了“这是人类的一小步，也是人类的一大步”。

埃德温·巴兹·奥尔德林

他是第二个登上月球的人。

他获得了一个奇怪的奖项：第一个在月球上小便的人！这是真的！好吧，其实他连裤子都不需要脱掉（航天服里有一个用来收集排泄物的装置），但不管怎么说这也算是一个第一，对吧？

迈克尔·柯林斯

尽管在这次任务中柯林斯不如其他人那么知名，但是他的角色非常重要。在阿姆斯特朗和奥尔德林执行任务的22个小时中，他驾驶着指令舱绕着月球飞行。

关于"阿波罗11号"的更多趣闻

6亿人

观看了这场人类首次在月球上行走的直播。这可是当时观众最多的一次电视直播。

在大约40万名科学家、工程师和相关人员的努力下，这次登月才从梦想变为现实。

登陆月球的太空舱外部没有门把手。也就是说，宇航员有可能把自己锁在舱外！

一次臭烘烘的旅程！

“阿波罗11号”的饮用水有一点点小问题，水中含有少量气泡，在零重力状态下饮用会引起宇航员的肠胃不适，导致舱内充满难闻的气味。

“阿波罗11号”上载有莱特兄弟首架飞机的零部件。

现在的智能手机可比“阿波罗11号”用的电脑聪明太多啦！

宇航员在月球上留下的脚印可能很久都不会消失。

因为没有风或水的侵蚀作用，所以这些脚印可以一直留在那里，除非脚印所在的地方恰好被陨石撞上。

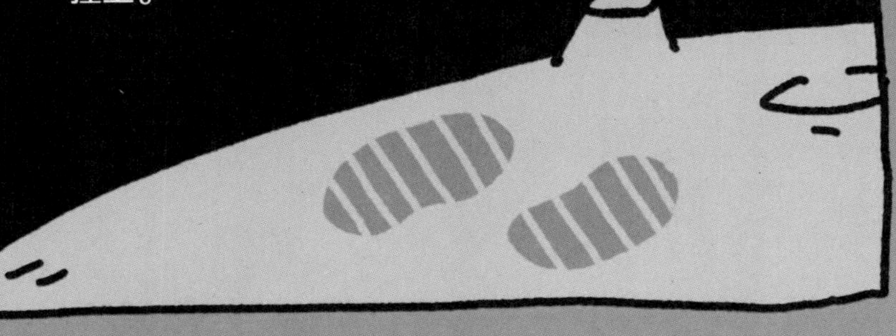

宇航员返回地球后必须隔离18天，因为科学家担心他们会从月球带回未知的微生物。

人类计算机

第一批进入太空的人的确引人瞩目，但在幕后还有成千上万名科学家、工程师和相关工作人员，他们为火箭成功发射付出了不懈的努力。这里面就包括一群非常重要的女性幕后工作人员，她们被称为“西区计算中心”。这是一群非裔美国女性数学家，她们精确计算了火箭运行轨道的相关数据。

凯瑟琳·约翰逊

她在美国国家航空和航天局工作了35年，她的计算结果对此次登月任务的成功至关重要。

2015年，她获得了奥巴马总统亲自颁发的总统自由勋章。

“土星5号”运载火箭

“土星5号”是第一枚将人类送上月球的火箭。

约111米高！

它的推力比30架大型喷气式飞机的推力加起来还要大！

这枚火箭太重了！将它运送到发射台的运输车每小时只能跑1.5千米。这甚至比冰山移动的速度还要慢！

“土星5号”火箭完成了多次发射任务，并将24人成功送上了太空。

每小时可飞行超过40 000千米！

令人疯狂的事实！

从莱特兄弟第一次飞行（1903年）到人类登上月球（1969年）只用了66年。

装扮起来

穿上航天服！

你想去太空吗？那可别忘记穿上航天服！如果没有适当的安全防护，人类是无法在太空中生存的哟！

如果没有穿航天服，你在太空中只能存活15秒！

如果你在太空中却没有穿航天服，那将会发生什么呢？

你将会被冻成冰块！

因为没有氧气，所以你无法呼吸！

由于身体内外压力差，你看起来会像气球一样膨胀！

你的皮肤会被太阳辐射灼伤！

你可能会被高速飞行的微流星体或宇宙飞船的碎片击中！

当你在太空中时，保持凉爽很重要！航天服中装备有特殊的冷却装置，可以帮助宇航员保持凉爽。接近皮肤的部分有通风孔可以排走汗水，还有可以循环的冷水软管。

舱外航天服是一套适合太空行走的服装。

这套可用于舱外活动（简称EVA）的航天服就像一艘小型宇宙飞船！它的设计是为了全方位地保护宇航员避开太空中的各种危险。

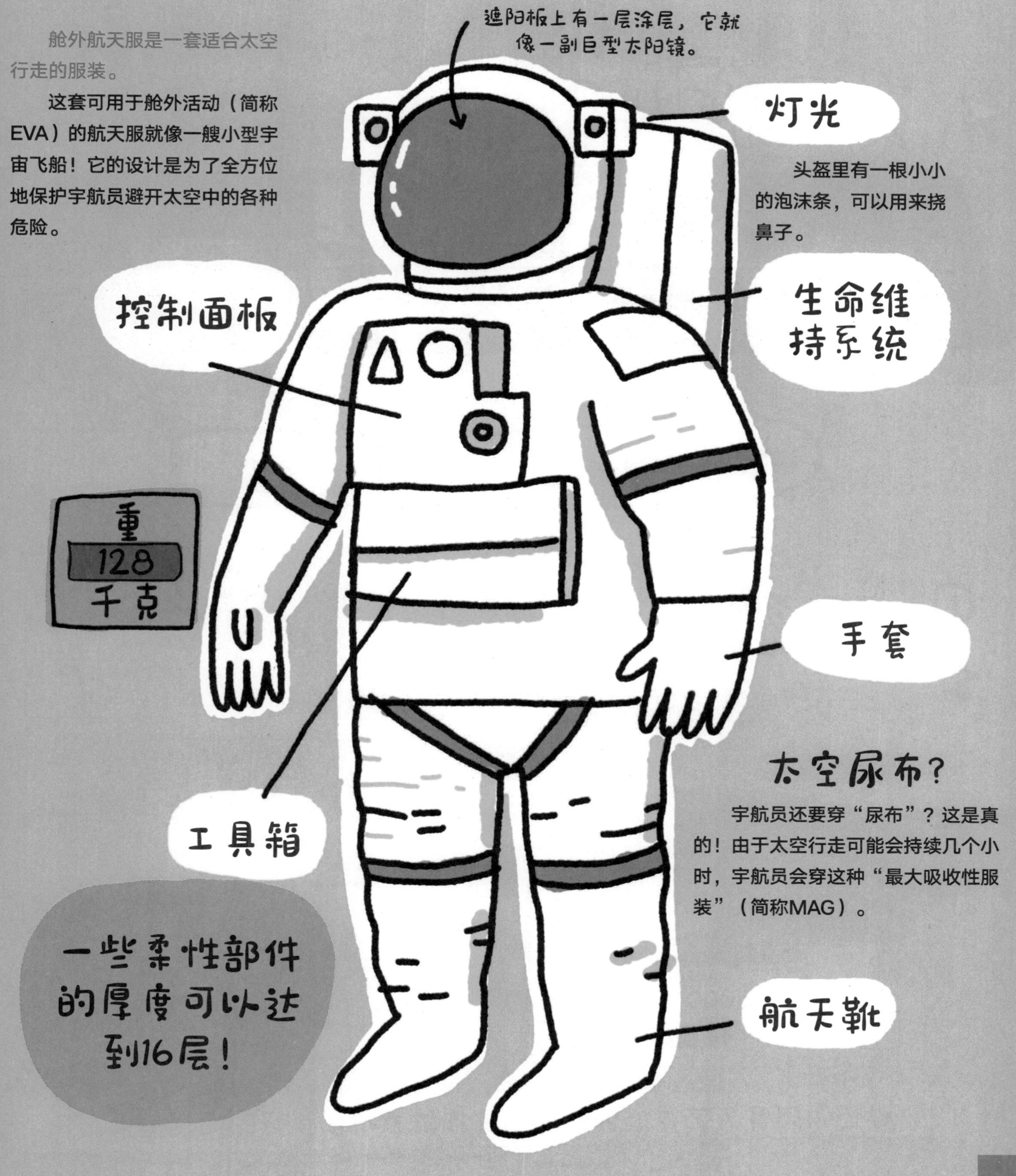

太空尿布？

宇航员还要穿“尿布”？这是真的！由于太空行走可能会持续几个小时，宇航员会穿这种“最大吸收性服装”（简称MAG）。

如何成为一名宇航员？

美国国家航空和航天局的要求

① 你必须是一名美国公民。

② 你必须具备1000个小时以上的喷气式飞机驾驶经验。

③ 你必须获得科学或工程领域（如工程、生物科学、自然科学、计算机或者数学等专业）硕士以上学位。

④ 你必须通过美国国家航空和航天局的体检。

你还必须具备领导能力、团队合作能力以及良好的沟通能力。

美国国家航空和航天局

在2020年收到了超过1.2万份宇航员报名申请。

一旦被选中，你就可以去宇航员学校学习啦！你需要学习的技能包括太空行走、在空间站工作，以及控制机械臂！

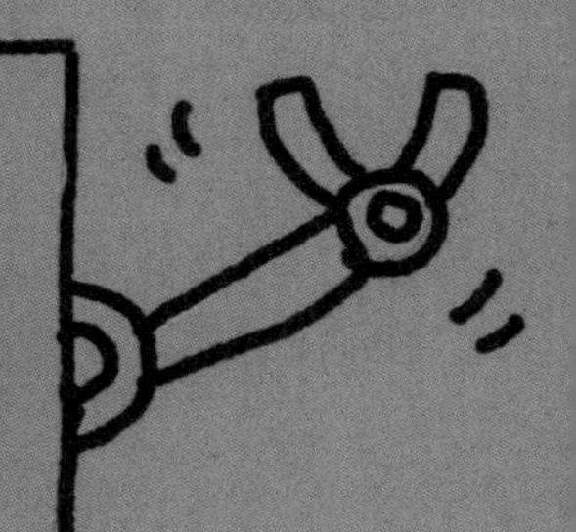

宇航员的一次水下训练可能会长达6个小时！

在游泳池里漂浮很像在失重状态下飘浮。中性浮力实验室（宇航员们训练用的失重水槽）长62米，宽31米，深12米，里面装了2.3万立方米的水。

宇航员必须穿着上百千克重的航天服一圈又一圈地游泳。

欢迎乘坐

“呕吐航班”！

成为一名宇航员的道路上有许多颠簸！

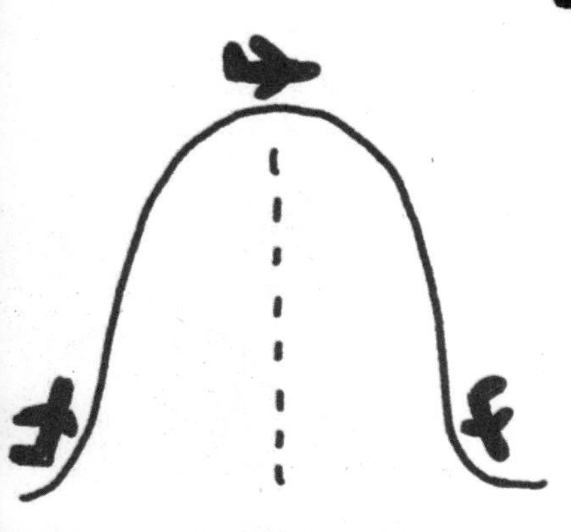

宇航员的另一项训练是乘坐飞机进行失重飞行。飞机将以45度倾角爬升，然后以同样的角度急速下降。这就产生了大约25秒的失重状态。一次常规训练将会重复这一过程40~60次。

据估计，1/3的人会严重晕机，1/3感到有些不舒服，剩下的1/3安然无恙。

国际空间站（ISS）

国际空间站长约110米，宽约88米！

它大约是一个足球场的大小！

国际空间站配有6个床位、2个卫生间，甚至还有1个健身房。因为微重力会导致肌肉萎缩，所以宇航员每天必须锻炼2个小时以上。

它的建造成本约为

1500亿美元！

这是有史以来最昂贵的航天器！

为了能无障碍沟通交流，每一位去国际空间站的宇航员都必须学会说俄语。

它距离地面约

400千米。

这是普通飞机飞行高度的42倍！

它大约每90分钟围绕地球运行一周。因此，国际空间站上的宇航员每天能看到16次日出日落。

截至2020年，来自19个国家的239个人到访过国际空间站。
在太空中，没有人能听到你……打鼾！
因为你的气管不会受到重力压迫，所以你就不会打鼾！
自2000年11月以来，国际空间站上一直有人居住。
它是太空中最大的人造物体。

太空食品

早期的太空食品大多是装在管子里的，食用时需要像挤牙膏一样挤出来。

太空中的第一顿饭是一管牛肉和肝酱。

其他的早期太空食品大多是冻干食品。它们经过脱水处理，被密封在真空包装中。当宇航员饿的时候，他们可以用剪刀把包装剪开，将食物加水软化后，就可以吃了。

还有一种早期太空食品是管状的苹果泥。

如今的太空食品质量大大提高。宇航员的餐食不再局限于奇怪的管状食物啦。

饼干是第一种在太空进行烘焙的食物。但是，请注意，

宇航员不准食用！

因为这只是一次太空烘焙实验。不过，宇航员可以享用他们带去的一些预制饼干。

如果宇航员想尝尝普通的盐和胡椒粉的味道，那将会是一个大麻烦。它们会四处飘散，堵塞通风孔，飘进宇航员的眼睛。因此，宇航员使用液体盐和液体胡椒调味。

曾经有一名宇航员违规把一块玉米牛肉三明治偷偷带上了飞船。（他被批评得够呛。）

太空玉米饼

宇航员喜欢吃用玉米饼做的三明治。这种食品之所以很受欢迎，是因为它们不像普通面包那样易碎，而且扁平的形状易于储存。

其他太空食品

脆皮冰淇淋?!

美国国家航空和航天局一直致力于让宇航员吃上更好的食物。因此，他们当然要准备所有人都喜爱的甜品——冰淇淋！为了让冰淇淋在太空中能被食用，他们将冰淇淋冻干，这意味着它不需要冷冻储存。冻干的冰淇淋里没有水分，变得脆脆的。直到今天，冻干的冰淇淋仍然作为太空食品在博物馆礼品店出售，但是它从未在太空中被食用，美国国家航空和航天局认为它过于易碎。

漫游车是被送去探索其他行星和月球的无人驾驶车辆，它们超级智能！人们可以在地球远程控制漫游车，也可以让漫游车自动执行编程化的任务。

它们帮助我们分析土壤和大气成分，进行测绘，并拍摄大量照片。

拥有2.1米长的机械臂。

这是美国国家航空和航天局火星科学实验室（MSL）的任务之一。

探索火星3年之久。

人类第一辆登陆其他行星的带轮车辆。

“旅居者号”火星车

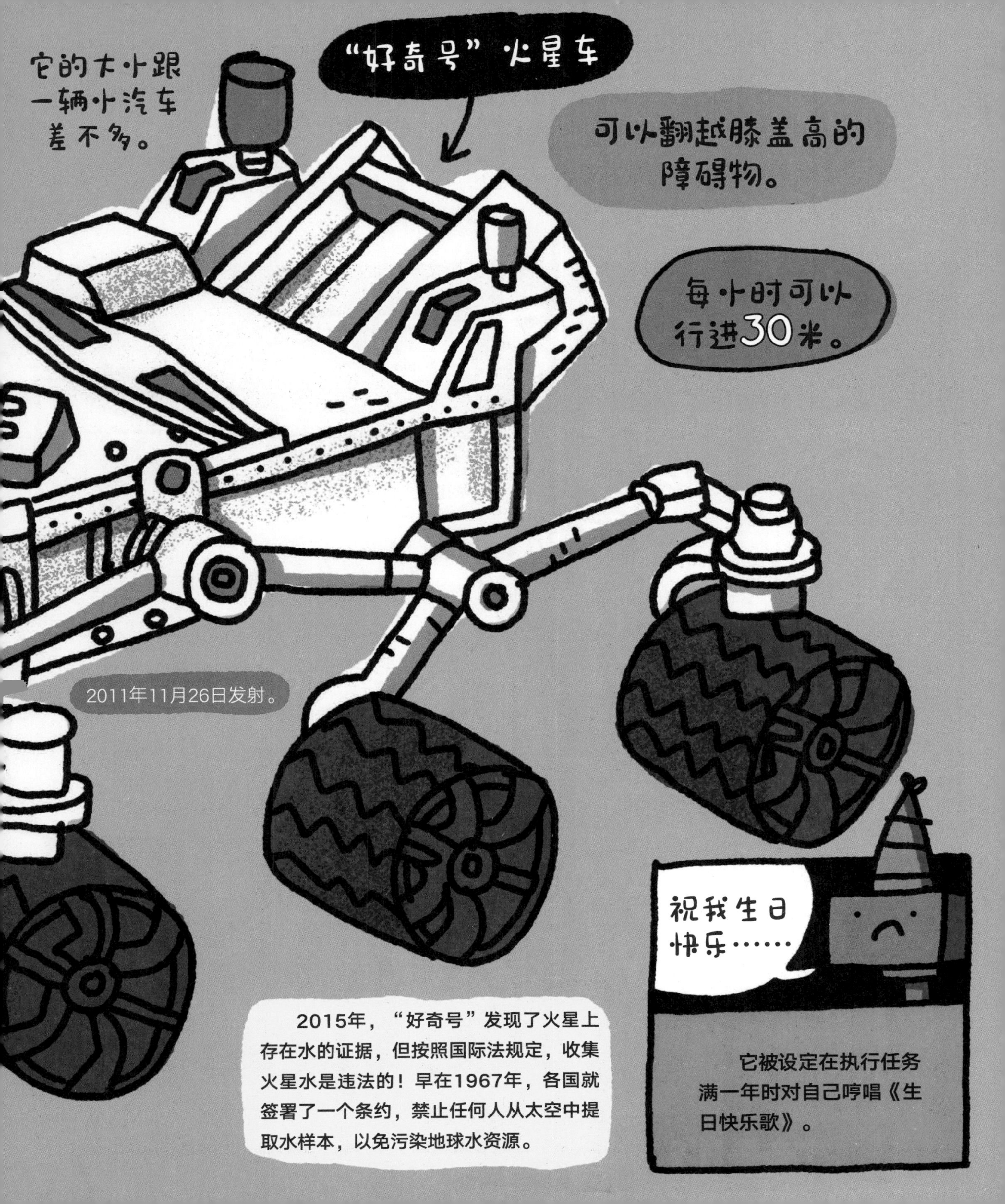

它的大小跟
一辆小汽车
差不多。
“好奇号”火星车
可以翻越膝盖高的
障碍物。
每小时可以
行进30米。
2011年11月26日发射。
祝我生日
快乐……
2015年，“好奇号”发现了火星上存在水的证据，但按照国际法规定，收集火星水是违法的！早在1967年，各国就签署了一个条约，禁止任何人从太空中提取水样本，以免污染地球水资源。
它被设定在执行任务满一年时对自己哼唱《生日快乐歌》。

空间探测器

空间探测器是一种机器人航天器，可以被发射到人类无法生存的宇宙空间。

太空双胞胎

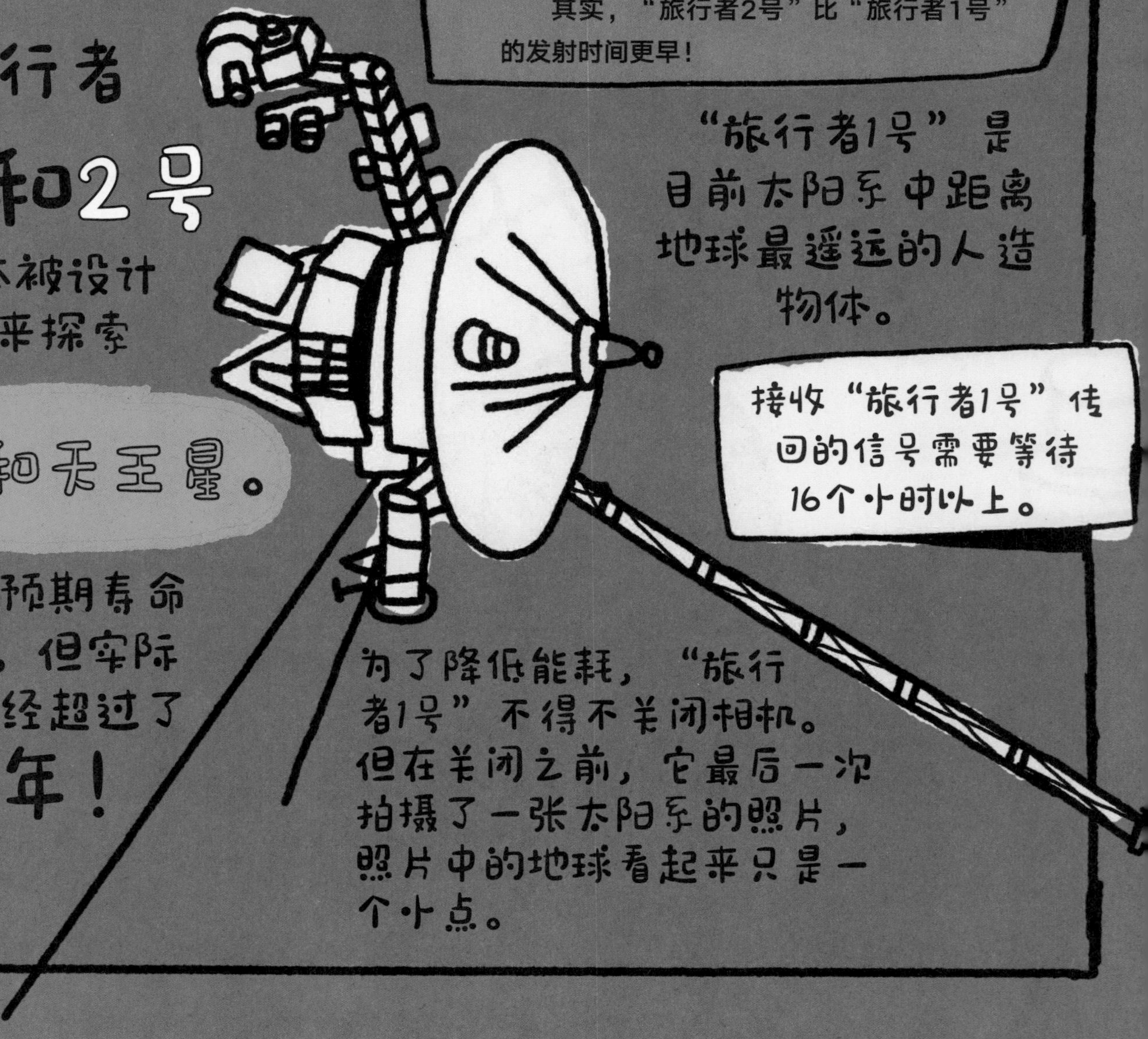

其实，“旅行者2号”比“旅行者1号”的发射时间更早！

旅行者

1号和2号

原本被设计用来探索

土星和天王星。

它们的预期寿命是5年，但实际寿命已经超过了

40年！

“旅行者1号”是目前太阳系中距离地球最遥远的人造物体。

接收“旅行者1号”传回的信号需要等待16个小时以上。

为了降低能耗，“旅行者1号”不得不关闭相机。但在关闭之前，它最后一次拍摄了一张太阳系的照片，照片中的地球看起来只是一个小点。

“卡西尼—惠更斯号”
（1997—2017）
土星探测器
发现了6颗
土星卫星。
飞行了近80亿
千米！
在最后一次
任务中穿越
土星环。
最终坠入土星
并烧毁！
累计拍摄了
453 048
张照片！
超过5 000名工作人员
为其付出心血！

“旅行者1号”和“旅行者2号”空间探测器上有一件非常奇怪的工艺品。这是一颗来自地球的时间胶囊！它以镀金激光唱片的形式呈现出来。

它是由美国天文学家卡尔·萨根制作的。

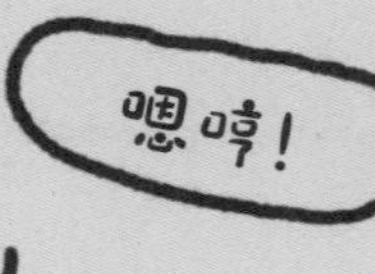

这张唱片给任何可能发现它的智慧生命留下了信息。

唱片里存储了关于地球的声音和图像。

（如果有谁发现了它，他们只需要弄清楚如何播放唱片即可。）

“旅行者1号”正驶向鹿豹座里一颗编号为“AC+79 3888”的恒星。4万年后，它会抵达距离这颗恒星1.7光年的位置。

航天飞机

美国航天飞机计划开始于1981年，一直持续到2011年。航天飞机是可重复使用的航天器，每次可以搭载2~7名宇航员。

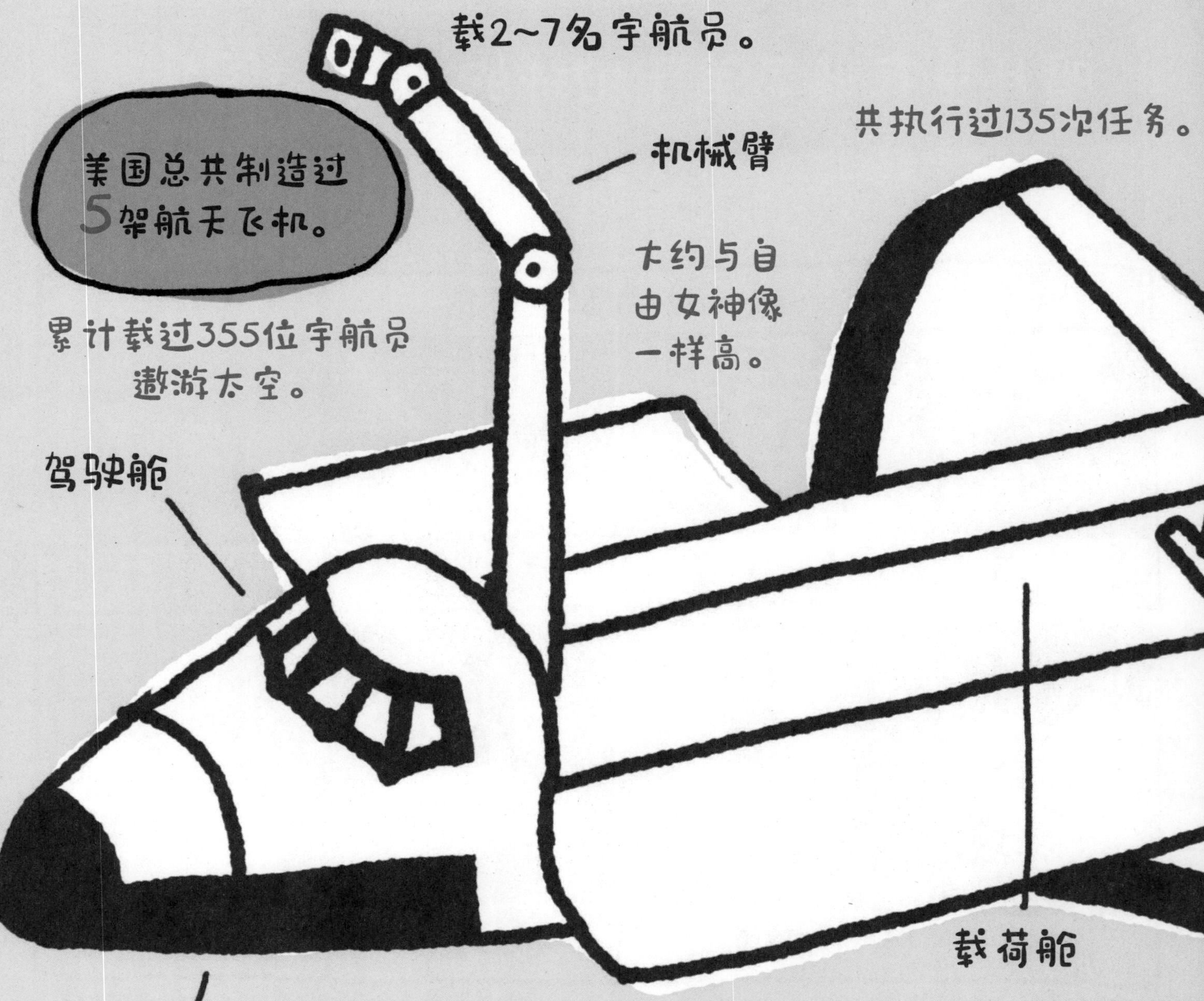

它们将宇航员或者国际空间站的部件送入轨道。

这是一个太空飞行实验室，宇航员可以在这里做各种实验。

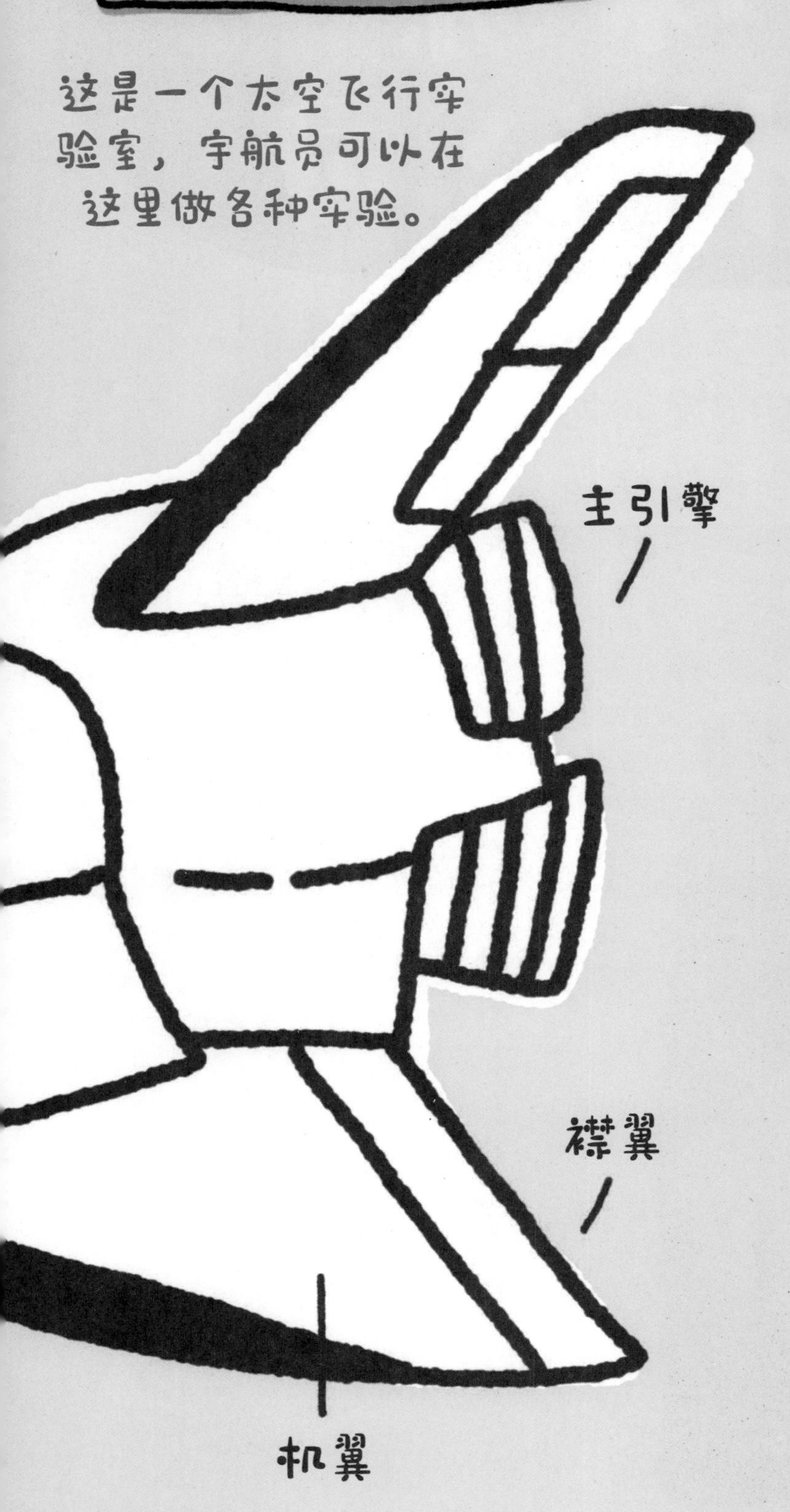

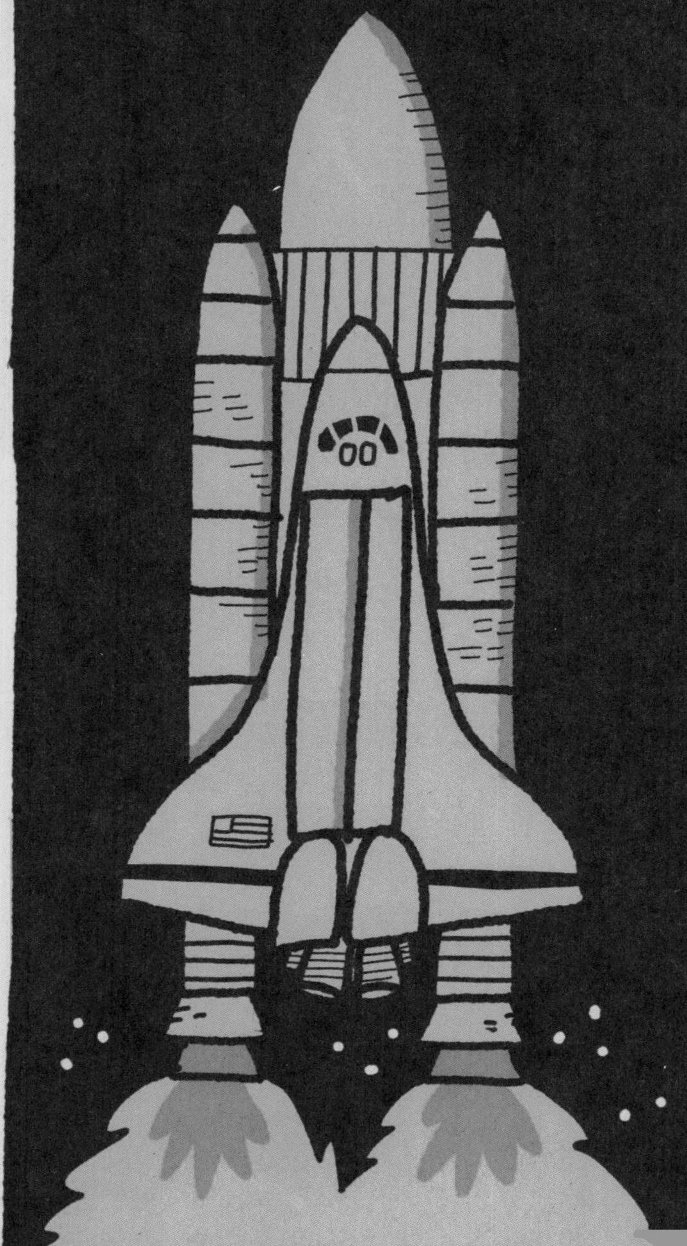

这些巨大的火箭将航天飞机发射到轨道后，就会脱落。

随后，航天飞机以平均约2.8万千米每小时的速度飞行。

太空探索技术公司

2011年，美国航天飞机全部退役，美国国家航空和航天局不再向国际空间站运送宇航员。一些商业公司开始建造自己的

宇宙飞船！

太空跑车？！

这辆红色的特斯拉跑车是SpaceX首批交付的产品之一。

太空跑车由一个机器人宇航员驾驶！你可以在网上看到它在太空中飘浮的画面。这个机器人宇航员被称为“Starman”！

这辆跑车的制造者是亿万富翁**埃隆·马斯克。**他也是特斯拉电动汽车公司的创始人。

SpaceX

是第一家成功发射宇宙飞船的私人公司。

猎鹰重型运载火箭

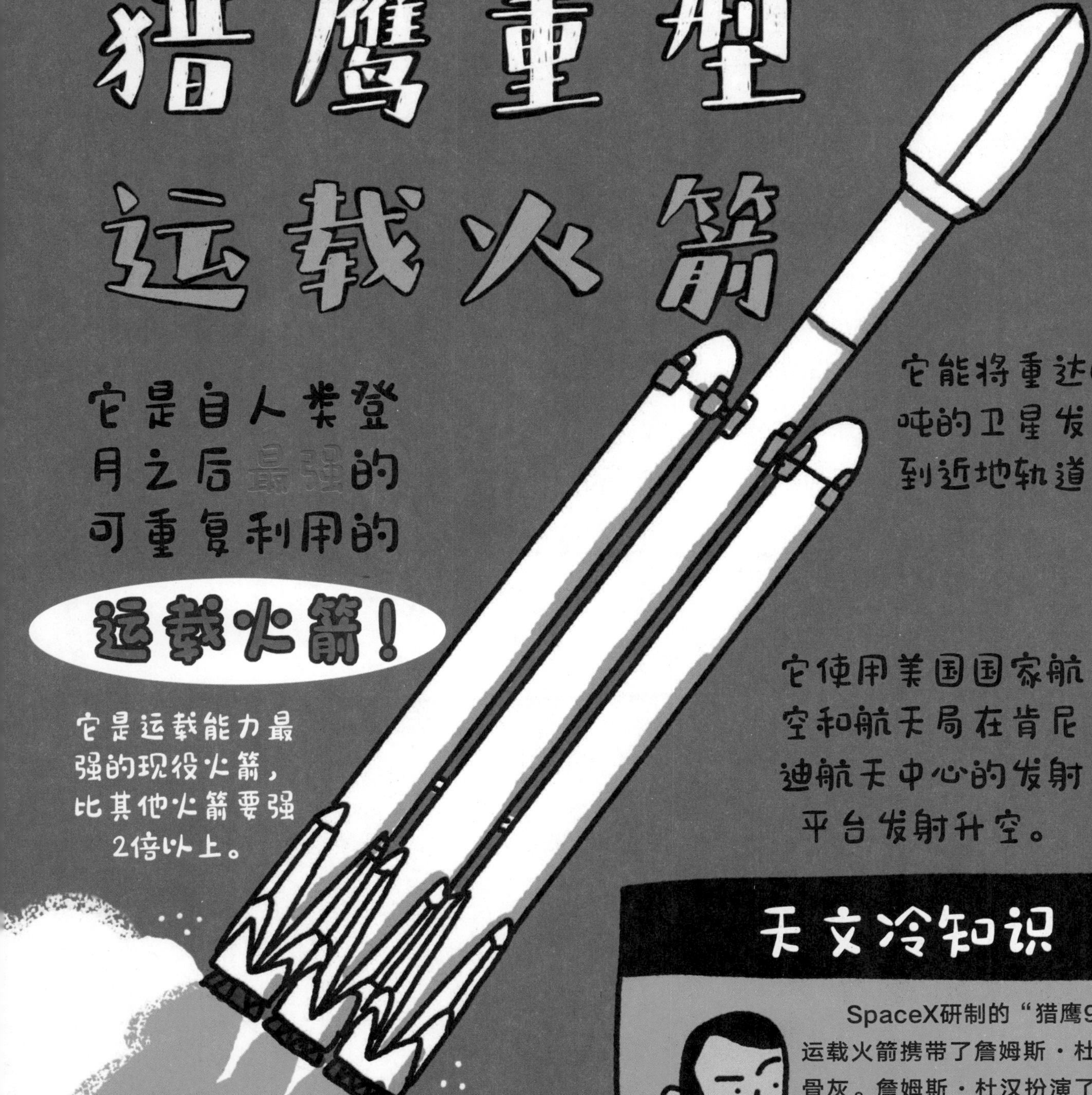

它是自人类登月之后最强的可重复利用的

运载火箭！

它能将重达63吨的卫星发送到近地轨道。

它是运载能力最强的现役火箭，比其他火箭要强2倍以上。

它使用美国国家航空和航天局在肯尼迪航天中心的发射平台发射升空。

天文冷知识

SpaceX研制的“猎鹰9号”运载火箭携带了詹姆斯·杜汉的骨灰。詹姆斯·杜汉扮演了《星际旅行》中“企业号”航空母舰的总工程师斯科提。

甚至有一家公司推出了“太空葬礼”服务，声称只要花2 500美元就可以将骨灰送到太空。

人类并不是唯一去过太空的生物。以下是一些其他的生物“宇航员”。

果蝇

第一批进入太空的动物

(1947年)

是的，没错！果蝇是第一批进入太空的动物，比尼尔·阿姆斯特朗在月球上迈出著名的一步还要早很久。1947年，它们乘坐V-2火箭，被发射到110千米的高空。

为什么选择果蝇？

一个原因是，科学家担心宇宙辐射会对人体有害，所以最初并没有将人类送入太空。另一个原因是，果蝇的基因编码与人类的相似程度比你想象的要高得多！那么，实验结果如何呢？这些果蝇并没有受到伤害，它们的旅程为人类迈向太空打开了大门。

许许多多的猴子

1949年，第一只猴子进入太空。

面包虫(1968年)

兔子
(1959年)

第一批在太空中不用穿航天服也可以存活的生物

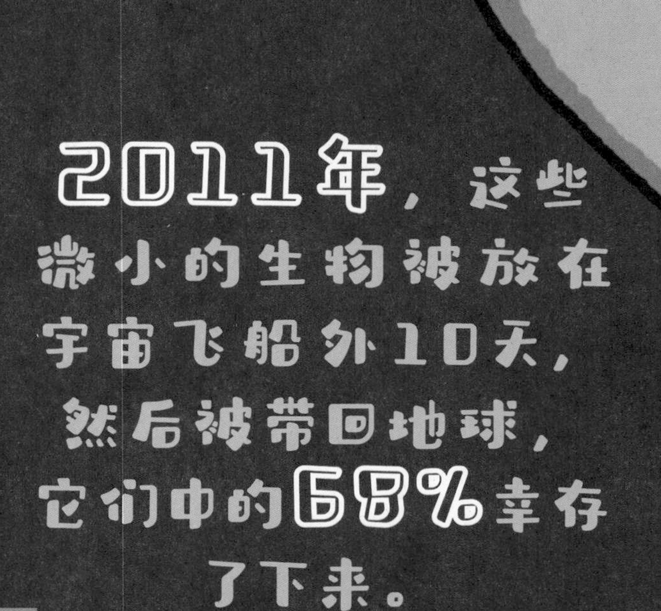

2011年，这些微小的生物被放在宇宙飞船外10天，然后被带回地球，它们中的68%幸存了下来。

缓步动物

（俗称"水熊虫"）

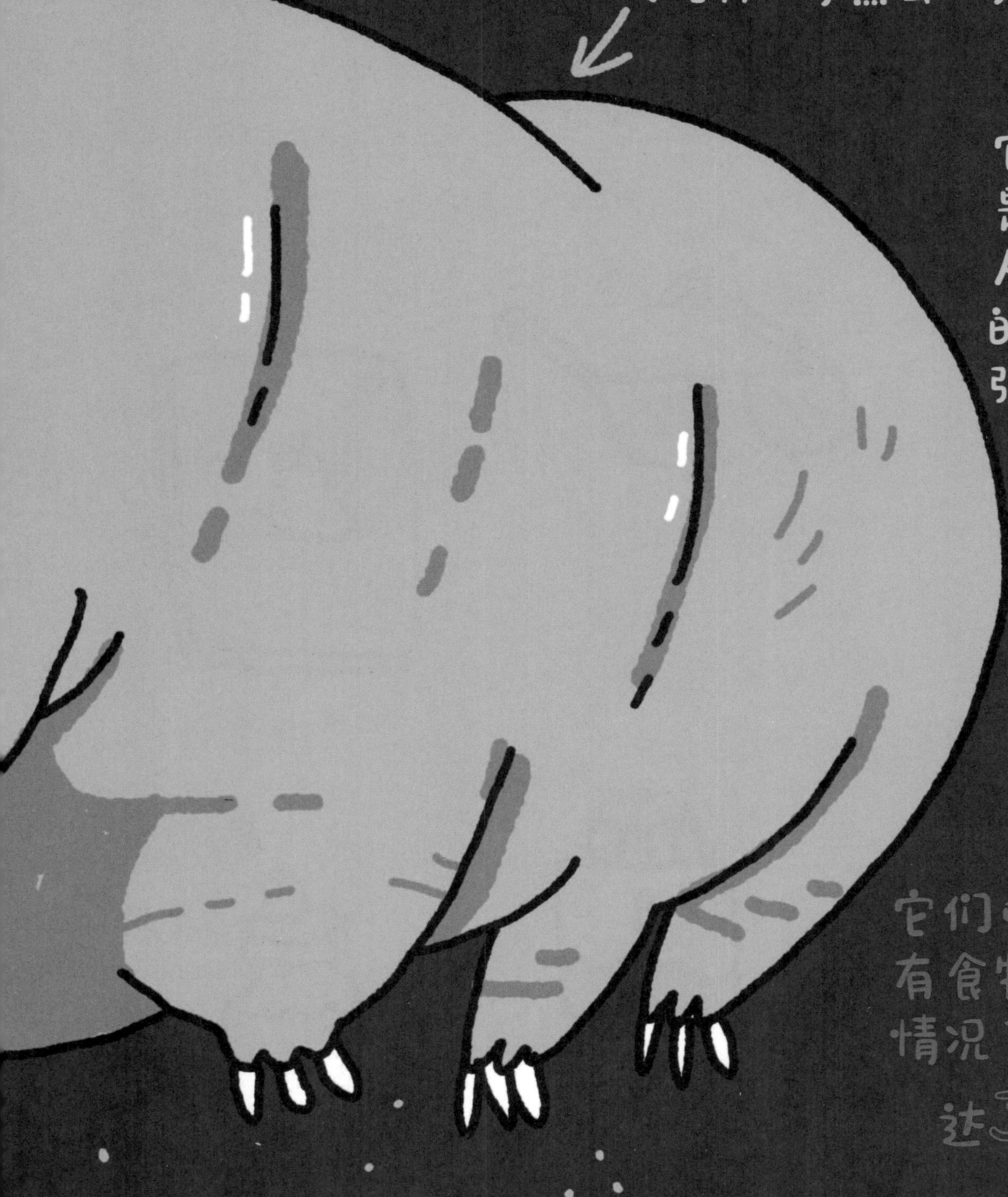

它们被认为是迄今为止人们所发现的适应力最强的生物。

这意味着它们可以应对令人难以置信的恶劣环境，比如太空。

它们可以在没有食物和水的情况下存活长达30年！

从太空探索中获益

太空探索不仅让我们看到了地球之外更广阔的世界，也让我们的生活变得更加美好。

义肢

防刮擦镜片

手机摄像头

太阳能电池板

饮水过滤器

婴儿配方奶粉

视力矫正

空气净化器

LED灯

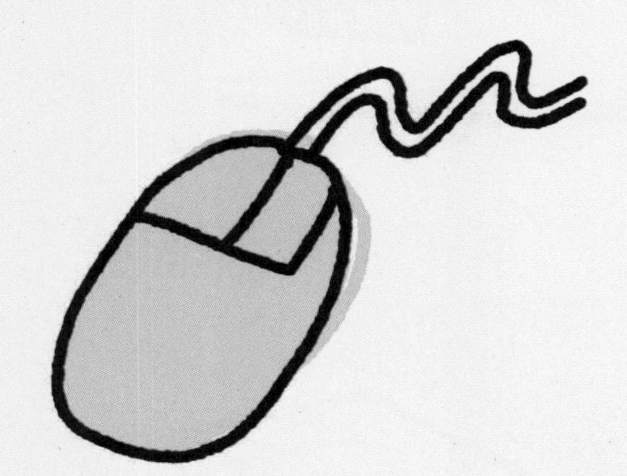

鼠标

耳温枪

笔记本电脑

吸尘器

早期的技术

早期航天飞机使用的技术渐渐落伍，一些零部件变得很难找到，以至于人们不得不去购物网站上寻找一些旧的零部件！

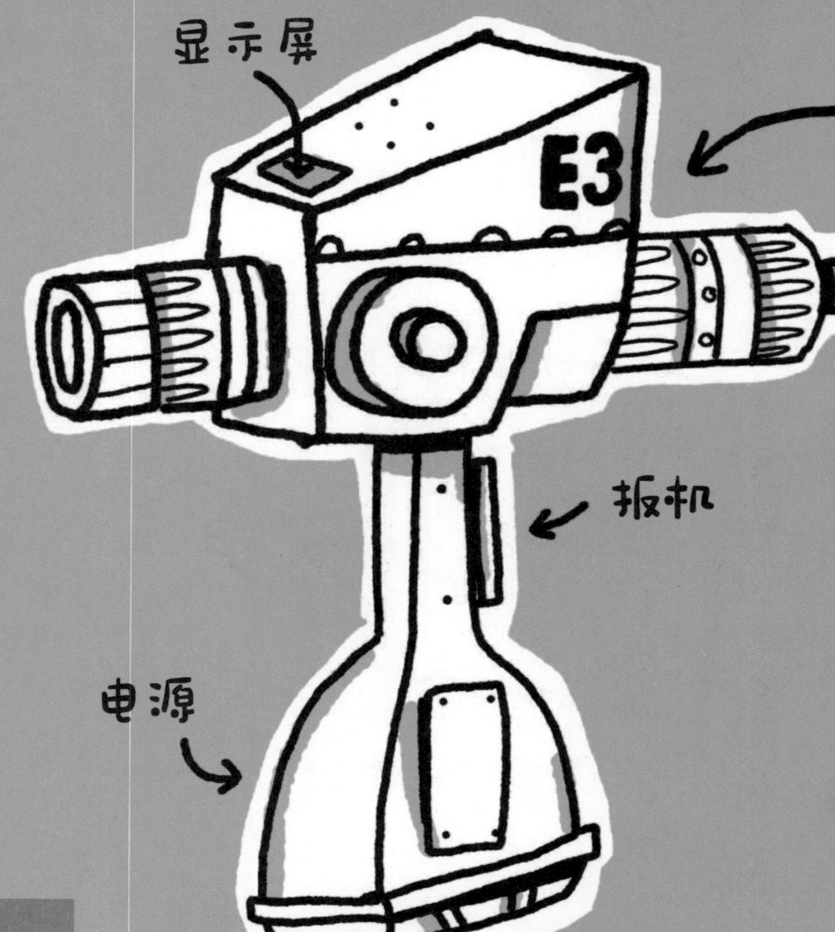

这可不是一把镭射枪！

宇航员会使用一种叫作PGT的特殊工具，它可以做很多事情。

（PGT表示手枪式抓握工具。）

国际空间站上的宇航员和哈勃空间望远镜的工作人员都曾使用过它。

PGT可以承受剧烈的温度变化！

趣闻逸事

2006年，一名宇航员在太空行走时不小心掉落了一把铲子。

不，他并不是要在太空中做炒鸡蛋！他是打算用这把铲子来涂抹一些测试材料。

这些自选歌曲包括埃尔顿·约翰的《火箭人》和大卫·鲍伊的《太空怪人》。

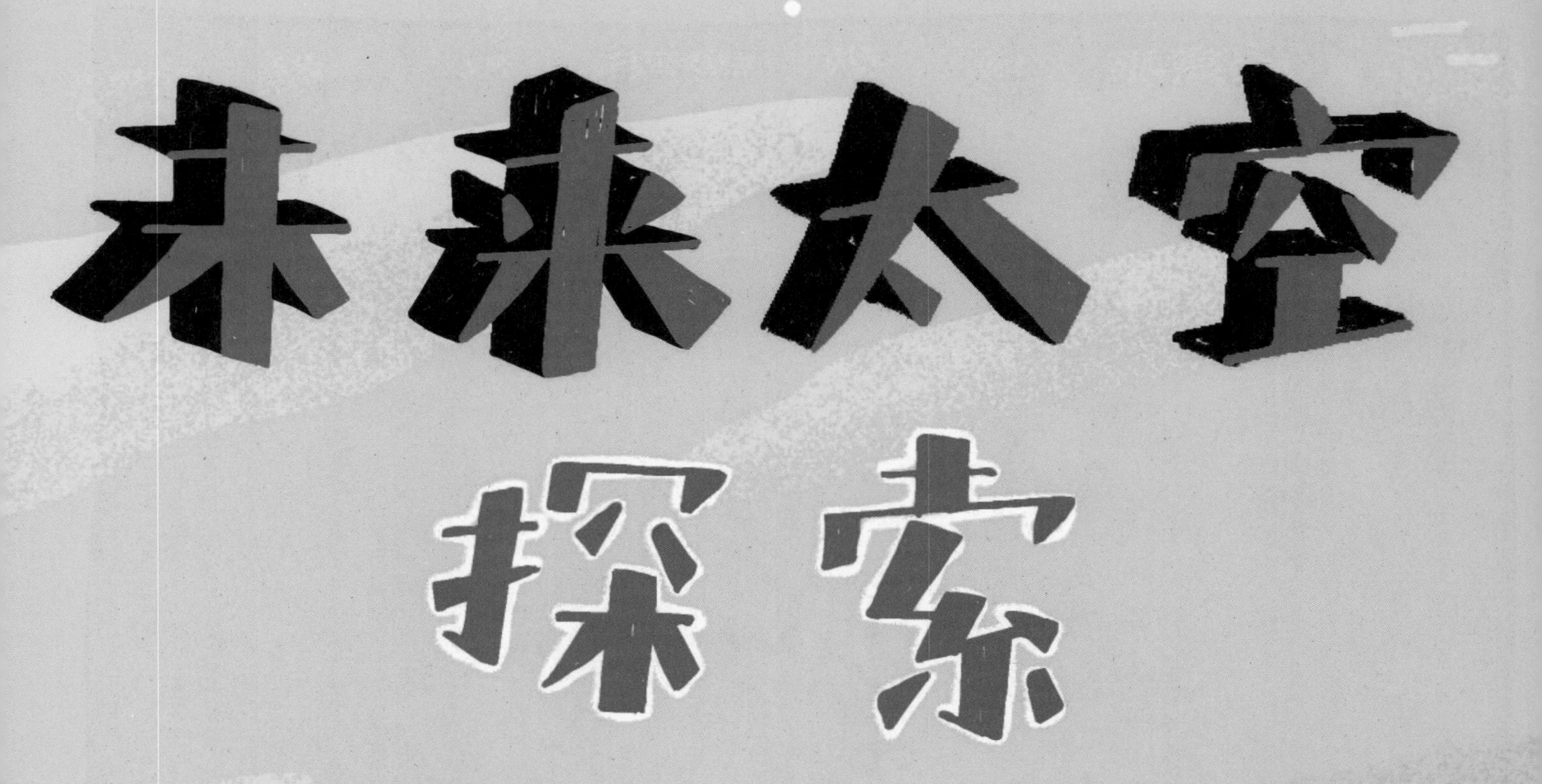

未来太空探索

20世纪20年代，人类发射了飞向太空的第一枚火箭。自此之后，数百人进入过太空，人类已经完成了数百次空间探索任务，还建造了价值上千亿美元的国际空间站。

在未来的100年里，我们将完成什么样的探索任务？

接下来的1000年，我们又该做些什么呢？

我们是否会发明新技术帮助我们抵达遥远的星球？我们是否会遇到来自外太空的智慧生命？

只有时间能告诉我们答案。接下来的几页将会介绍一些会在未来成为现实的太空探索项目。

未来的太空探索项目

深空探测

柯伊伯带研究

寻找木星卫星上的生命信号

“突破摄星”计划

该项目计划在短短20年内到达半人马座α星。半人马座α星是距离太阳系最近的恒星系统。20年听起来好像是很长的一段时间，但依靠我们目前的技术，需要超过3万年才可能抵达那里！为此，研究人员将开发一种纳米微型飞行器（仅为邮票大小！），这种飞行器依靠地球上发射的小型激光器推进。

“蜻蜓”任务

该项目将把航天器送往土星最大的卫星——土卫六。它的任务是通过研究卫星表面，寻找生命迹象。这一任务将发射一种四轴飞行器，它可以借助4个螺旋桨，在卫星表面四处勘察，多点取样。

“月球手电筒”计划

这颗小卫星将飞到月球黑暗的陨击坑上方，探寻水冰沉积物。

它将利用激光绘制月球表面的水冰分布图。

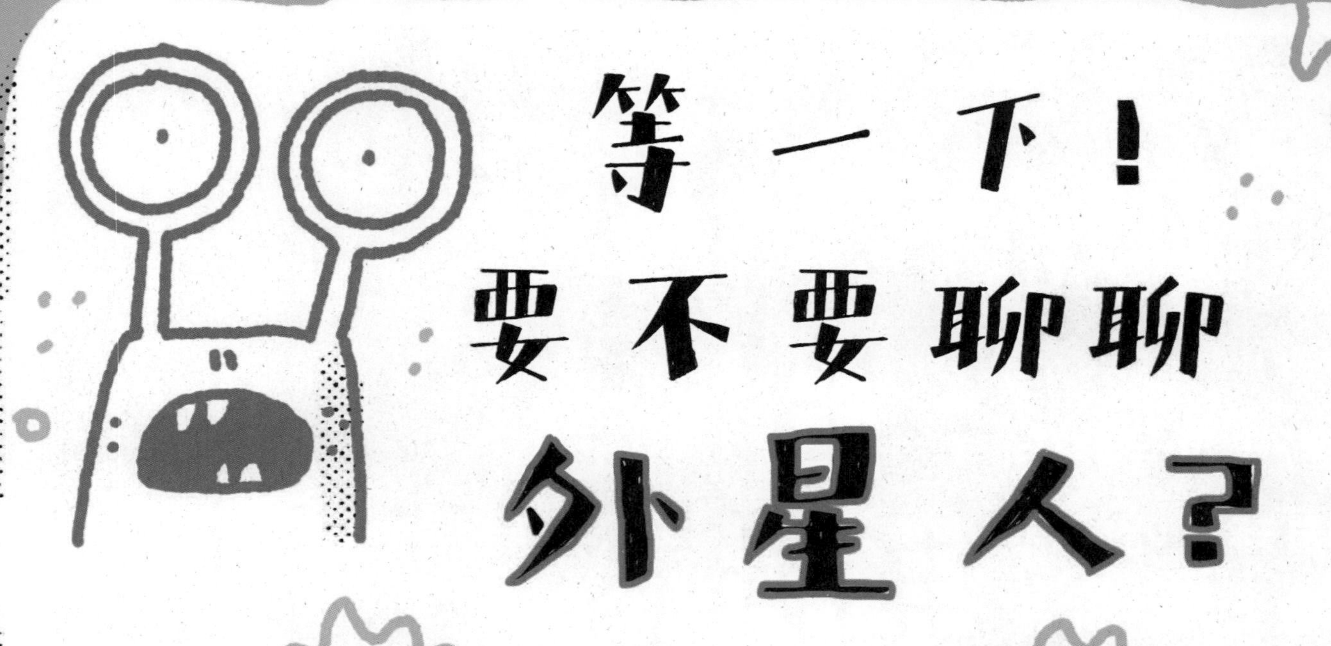

其他行星上有生命吗？

简短的回答是

“我们不知道”。

我们从未在其他行星上发现过生命。

到目前为止，任何关于外星人的目击事件都没有得到证实！

就像你所知道的，我们的宇宙

很大很大！

它大得不可思议，里面充满了难以解释的东西，比如黑洞和比地球大得多的恒星。总之，我们不知道到底有没有外星人。

我们现在已经知道的是

地球处于宜居带！

恒星

太热

刚刚好

太冷

宜居带是指一颗恒星周围的一定距离范围，这里离恒星既不太近也不太远，所以既不太热也不太冷，水在这里可以以液体形态存在。这里是生命存在的理想环境。

天文学家已经确认了一些符合这些条件的行星！一项研究表明，银河系中可能有多达

600亿颗

适合生命生存的行星！

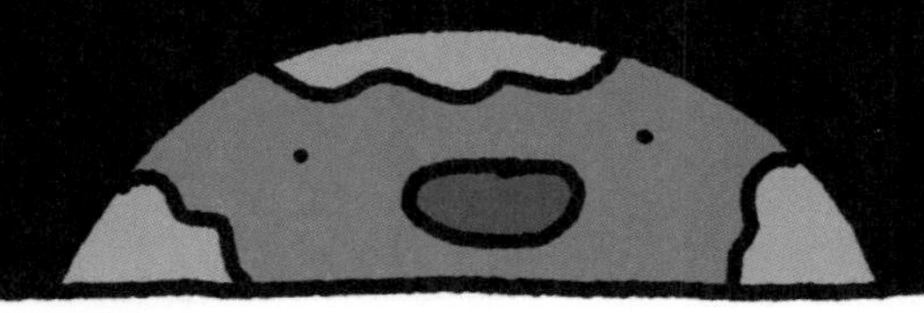

有一个组织的任务就是寻找和研究外星生命。这个组织被称为地外文明探索（SETI）研究所。这个组织寻找其他星球上生命的一种方法，是将大型无线电天线指向太空，希望能接收到来自外星人的无线电信号。同时，这个组织也向太空发射无线电信号，但到目前为止还没有得到任何回应。

UFO的意思是不明飞行物

下面是被报道过发生UFO目击事件的著名景点。

智利 圣克莱门特UFO大道

这是一条位于安第斯山脉的30千米长的小路，这里几乎每周都有关于UFO目击事件的报道。

英格兰 威尔特郡

这里的田野中总是出现奇怪的形状和图案，人们称之为麦田怪圈。它们是有些人精心设计的骗局，还是外星人在传递消息？

美国 内华达州51区

一些人认为，这个美国军事基地接管了坠毁在新墨西哥州罗斯韦尔的“飞碟”。1997年，当一份文件被解密时，有大量证据表明，所谓的飞碟实际上是美国军方的高空侦察气球。

太空笑话

如何让自己更有吸引力？

变胖一点。

质量越大，引力越大嘛。

科学家如何去除口臭？

食肉动物怎么吃流星？

当然是直接吃呀，流星在大气层里不都烤熟了嘛。

你好，月亮！想吃点什么吗？

我好饿啊！

我也是。发射的时候就能吃午餐了吗？！

在英语中，发射（launch）和午餐（lunch）发音很像。

如何让婴儿在太空中睡觉？

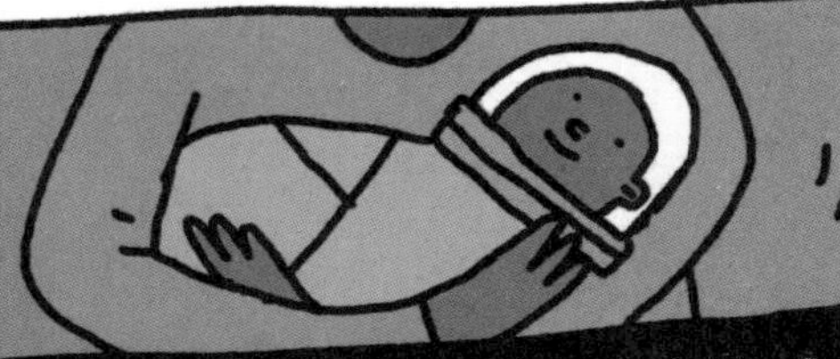

你得先抱着他搭乘火箭去太空。

这个外星人在跳什么舞?
迈克尔·杰克逊的太空步。

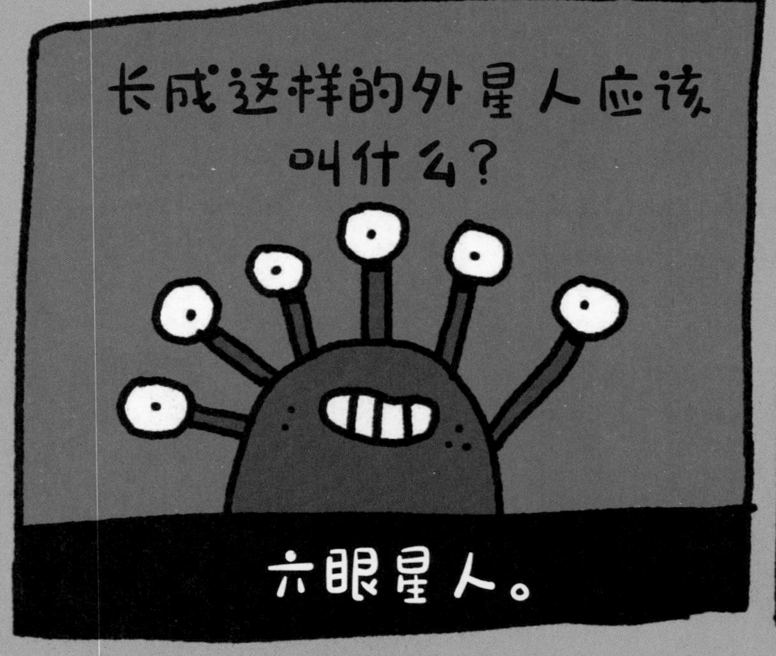
长成这样的外星人应该叫什么?
六眼星人。

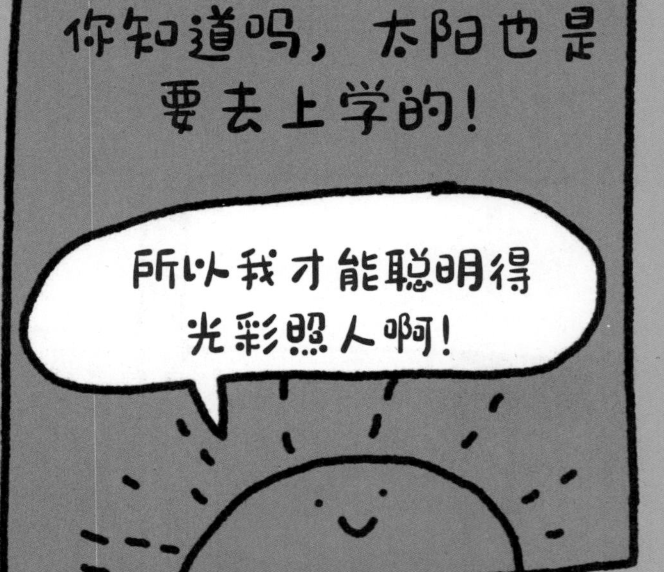
你知道吗，太阳也是要去上学的!
所以我才能聪明得光彩照人啊!

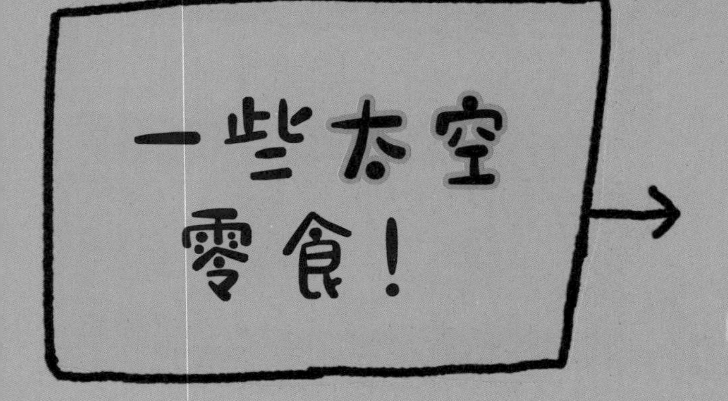
一些太空零食!

姜汁“气”（汽）水

咖“飞”（啡）
用飞碟端上来的“咖飞”

我正在阅读一本关于反重力的书，真的是好难放下呀。

如何帮月球理发？

遮住太阳照在它头上的光！

宇航员喜欢读什么类型的书？

“彗”（绘）本。

银河系最喜欢的腰带是什么？

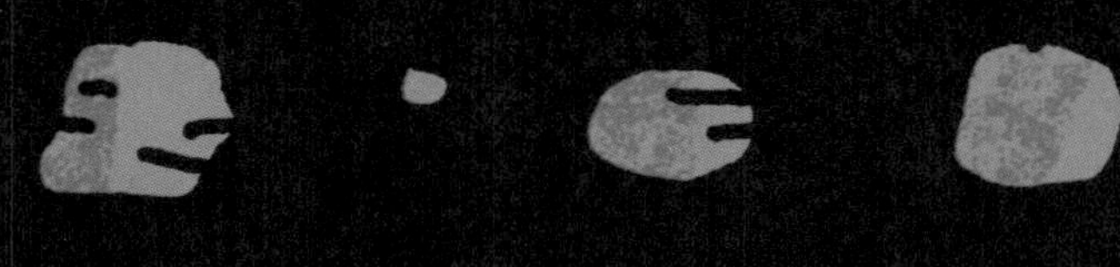

小行星带！

如果宇航员是一只猫，那它应该叫什么呢？

宇航猫。

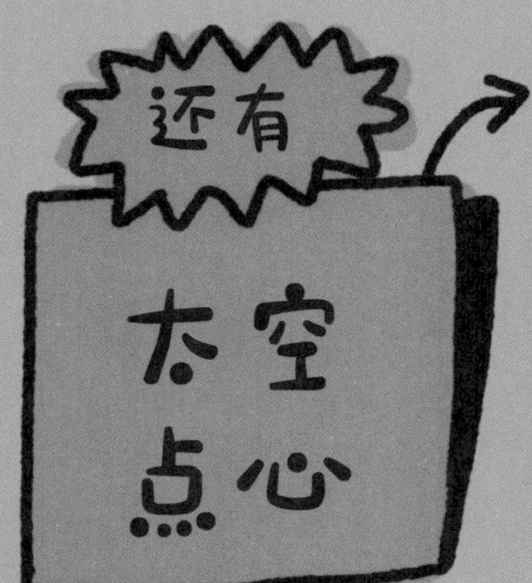

金枪鱼三明治

外星人把飞船停在哪里？

收“飞”（费）
停车场。